わら一本の革命

［自然農法］

福岡正信

春秋社

序にかえて

地球的規模での砂漠化、緑の喪失が深刻化している中で、かつて風光明媚を謳われた日本列島の緑も、今、急速に枯渇しようとしている。

しかし、それを憂うる者はあっても緑の喪失を惹起した根本原因を追求し撃破する者はいない。ただ結果のみを憂い、環境保護の視点から緑の保護対策をとなえる程度では、とうてい地上の緑を復活させることはできない。

飛躍しすぎた言葉ともとれようが、地球の砂漠化は、人間が神なる自然から離脱して、独りで生き発展しうると考えた驕りに出発するものであり、その業火《ごうか》が今、地球上のあらゆる生命を焼き亡ぼしつつある証《あかし》（現象）だと言えるのである。

生命とは、宇宙森羅万象、大自然そのものの合作品である。その意味（過去）と意志（未来）を知らないまま、自然の対立者となった人間は自らの手で自然を利用して、生命の糧、食物を作り、生きようとした。このときから人間は、自ら母なる大地に反逆し、これを破壊する悪魔《サタン》への道を進んだのである。焼畑に始まる農業の発達、人欲に奉仕する農法の変遷、文明発達の歴史が、そのまま自然破壊の歴史となっているのも当然であろう。

自然に流転という変化はあっても、発達はない。始めもなく、終りもない自然が、しぜんに亡びることはないが、自然は愚かな人智によって、いとも簡単に亡びてしまう。

自然破壊は、自然の生命と一体化した人間の生命の自殺行為であり、人間による神々の破壊、死をも意味する。

神が人間を見捨てることはないが、人間が神を捨てて、滅亡することはたやすいのである。

無明《むみょう》の悪魔の智をふりかざして、緑を失った大都市の上に築いた虚構の人間文明が、文字通り砂漠の空に描かれた蜃気楼として消え失せる日は近い。今、人間は帰るに所なき宇宙の孤児に転落するか、反転して神の園に還るか、その岐路に立つ。

人類の破局を救う道は他にない。

先頭に立って自然を破壊してきた驕慢な人や耕人たちが、今反転して、森の守護人となり、緑を復活できるか否かにかかる。が、自然は本来人間の容喙《ようかい》を許さない。

神が天地万物を創造したのでもなく、まして人が差配できるものではない。

大自然の万物の心が合体して、生命を創り、神を創造してきたのである。神も自然も人間を超越した実在である。

神は愚かな人間の地球を守ってはくれないのである。

自然農法とは、自然の意志をくみ、永遠の生命が保証されるエデンの花園の復活を夢みる農法である。

しかし、私の自然農法への四十五年の道は、そのまま人間の復活をかける神への参道であったというよりは、自然から転落してゆく愚かな男の彷徨の過程でしかなかった。この書は、自然に還れるものなら還りたいと苦悩してきた一人の百姓のボヤキ記でしかない。

百事を語るも、一事を語りえず、何一つ残すことのできなかった男の懺悔録である。

自然農法とは

自然農法の出発は、四十五年も前のことである。横浜税関植物検査課に勤め、植物病理の研究室で、顕微鏡をのぞいていた平凡な一青年が、なぜ、突然、人智を否定し、科学を否定する者に変身したのか……。

その時のことは語る言葉もなく、伝えるすべもないが、とにかく、その時から、私は山に入り、無心、無為の生活を一途《いちず》にめざしてきた。ただ生きてゆくための食糧を作って生きる百姓の道に入ったのである。自然農法という言葉も、当時、何気なくみたバイブルの中の一節「小鳥は、種を蒔かず、ただついばむのみ、何故人間のみが悩むか……」という言葉から、自然に頭に浮んだにすぎない。

したがって自然農法はキリストが着想し、ガンジーが実践した農法とみてよい。真理は一つである。無の哲学に立脚するこの農法の最終目標が、絶対真理〝空観《くうがん》〟にあり、神への奉仕にあることはいうまでもない。

目次

第三章　汚染時代への回答　この道しかない

自然農法

わら一本の革命

第一章　自然とは何か——無こそすべてだ

この麦を見よ

五月のある日、自然農法の田圃の前で

人間革命というのは、この、わら一本からでも起こせる、と私は信じております。

このわら、見かけは、きわめて軽くて小さい。こんなわら一本から革命が起こせるというと、普通、いかにも奇妙に思われがちですが、実は、このわら一本の革命というか、わら一本の重さというか、一物一事が何であるかを、私はあるとき知ったんです。

そのときから、私の一生は、ある意味で狂ってしまった。考えることも、することも、一変してしまった。これは事実なんです。

私は、百姓を、四十年近くやってまいりましたが、たとえば、この田圃《たんぼ》をごらんになって下さい。実は、この田圃は、この三十五年間、全く耕したことがない。化学肥料は全く使ったことがない。病虫害の消毒剤も使っていない。

田も耕さず、草とりもしない、農薬も肥料も使わなくて、米と麦を毎年連続して作っているわけなんです。

今ごらんになっているこの麦は、少なくとも、反当たり十俵は出来ている。部分的には、十二、三俵出来ているんではなかろうかとも思います。これはおそらく、愛媛県の多収穫田に匹敵する出

この麦を見よ

来だと思います。愛媛県で最高の収量をとれば、おそらく全国一ではないでしょうか。

　私は内心ですね、これ以上の粒数をつけるところはない、これはおそらく、日本一というよりは、世界一になっているんではないかとうぬぼれているんです。

　この裸麦や小麦を見て、みなさんはどういうことをお感じになりますでしょうか。

　一口に言えば、農機具もいらない、農薬も肥料もいらない、そして、やり方といえば、ただ稲のあるうちに、稲の頭の上から麦をばらまいて、稲を収穫したときに出来たわらを、その上にふりまいただけなんです。

　稲だって、やっぱりこの方法と同じです。この麦は五月二十日頃刈る予定ですが、刈るその二週間ほど前に、麦の頭から籾をばらまいて、刈りとった麦の、その麦わらを、長いままで振りまいておく、ということなんです。

まあ、麦作りと米作りとが、全く同じやり方である、ということがこの農法の一つの特徴かと思いますが、実はもう一つ、もっと簡単なやり方がありまして、よくごらんになったらわかりますが、この隣の田には、もう籾がまかれているんです。

麦まきのときに、麦と籾とを一緒にまいている。つまり、正月が来る前にはもう、麦まきと籾まきがすんでしまっているんです。

さらに、よく観察された方はお気づきでしょうが、この田圃には、クローバーがまかれております。このクローバーは、麦まきをする前の十月上旬に、刈りとる前の稲の中にまかれたものです。

順序から申しますと、この田圃には、十月上旬に、稲の中にクローバー（陸稲ではウマゴヤシ）をまき、中旬に麦をまき、下旬に稲を刈りとり、十一月下旬に籾をまいて、稲わらを長いままで振りまいただけです。その結果が今ごらんになっている麦というわけです。

たわわに稔る自然農園の稲田

ほんの一～二人役で、米も麦も全部すませてしまっている。ここまで来ますと、もうこれ以上簡単な米麦作りは、おそらくないだろうということになってきます。

これは全く、普通の農業技術といいますか、科学技術の農法というものを否定してしまっている。人間の知恵の所産である科学的な知識を、まるっきり捨て去っているんです。人間が役に立つと思っている農機具とか、肥料、農薬、こういうものを一切使わない栽培方法ですから、これはもう人間の知恵と人間の行為というものを、真向から否定している、と言っても過言ではありません。少なくとも、それがなくても、それと同じ収量、もしくはそれ以上の米麦が出来る実践例が、いま、みなさんの目の前にちゃんとあるんです。

この世には何もないじゃないか

こんな農法を、私が何年ごろから、なぜ始めたのか、いったい何がきっかけだったのか、と最近いろいろな人に聞かれます。

ところが、私はこのことについて、今まで人に話したことがないんです。言いようがないといえば言いようがなかったからです。ただ単なる一瞬の衝撃というか、ひらめきというか、そういった一つの小さな体験が、この出発点になっていて、私の思想の一大転機にもなっているんです。

その体験が私の人生を変えてしまった。そのときに結論が出てしまったんです。

話しても無駄なことではありますが、そのときの結論といいますのが、「人間というものは、何一つ知っているのではない、ものには何一つ価値があるのではない、どういうことをやったとしても、それは無益である、無駄である、徒労である」。突拍子もないように思われるか知らんが、言葉でいうとこういうことなんです。

こういうような思想が突然、まだ若かった私の頭に発生したわけです。ですけれども、その〝人知・人為は一切が無用である〟という結論が、その思想が、正しいのか正しくないのか、自分自身にもわからなかった。ただ確固とした信念だけが自分の内で燃えている、というような状態だったんです。

一般的に考えれば、人間の知恵ほどすばらしいものはない、人間は万物の霊長として、非常に価値ある生物であるし、人間がつくりだしたもの、なしとげたものは、文化にしても歴史にしてもすばらしいものだ、と誰もが信じている。

それらの全てを否定してしまうような考え方なんですから、これは、誰に話してみたって通用しない。しかし、いくら自分がその考え方はまちがいだとして追い払おうとしても、自分自身には、どこにもそれを否定する材料がない。どうしてもまちがいだとは思えない。

それで実をいいますと、その考え方が正しいか、正しくないかを、実際に自分が実行してみて、かたちにあらわしてみて、決定してみたいと思ったわけです。百姓やって、米麦作って、たとえ三十年、四十年かかろうとも私の考え方の正否を確かめてやろう、と思いつづけて来ただけなんです。その私の人生を変えた体験。これについて今日話さねばならんようなあんばいになってしまいましたが、これはもう四十五年も前のことで、私がちょうど二十五歳の春のことです。

私はその頃、横浜税関の植物検査課に勤めておりました。外国から輸入される植物の検疫をしたり、輸出する植物の病気害虫の検査をしたりするのが主な仕事でしたが、非常に自由な時間の多い所で、平生は研究室にいて、自分の専門の植物病理学の研究をしておればよかったんです。

この研究室が横浜港を見下ろす丘の上、山手公園の隣にありまして、ちょうど真向かいにカトリックの教会、東の方にはフェリス女学院があるというように、きわめて静かな、研究にはもってこいの環境でした。

この研究室には、病理の研究員として、黒沢英一先生がおられました。私は、植物病理を岐阜高農の樋浦誠先生に学び、岡山県の農事試験場の鋳方末彦先生に実地指導を受け、第三の先生として、黒沢英一先生にめぐり会ったわけです。黒沢先生は、学界では不遇な方でしたが、稲のバカナエ病原菌を分離培養して、この菌が培養菌の中に出す毒素であるジベレリンという物質を抽出された方なんです。このジベレリンというのは、少量を稲の苗に吸収させると、稲の背丈がばかに高くなるが、多量にほどこすと、今度は反対に、背丈が極度に圧縮されてくる、という奇妙な性質をもった物質ですが、これを発見された。ところが、それを、日本では誰も顧みる者がいなかったんですが、アメリカ人が目をつけて、これを応用して出来たのが、種なしブドウなんです。

こんな業績を持つ黒沢先生も、私にとっては、まるで親父のような、好々爺の先生でして、手作りの解剖顕微鏡のつくり方などを教えてもらって、私は、米国と日本のミカン類の幹枝果実を腐らす樹脂病の研究に没頭しておりました。

顕微鏡をのぞきながら、培養した菌を観察したり、菌と菌とを交配したり、新しい病原菌の種類をこしらえてみたり。興味は非常にありましたが、根気を要する仕事で、しまいには研究室の中で卒倒するようなこともありました。

と言いましても、多感な青年時代ではあり、研究室に閉じこもってばかりいたわけではありません。場所は横浜、遊びにはこと欠かない先進地です。

その頃は、カメラにも凝っていて、こんなことがありました。桟橋を歩いておりまして、ひとりの美人を見つけた。これはすばらしい被写体だと思って、その美人に頼み込んで、外国船の甲板に引っ張り上げ、あちら向けこちら向け、と注文つけて写真をとったんです。別れて下船しようとすると、写真が出来たら送ってくれ、と言う。どこへ送るのかと聞いたら、大船、と言う。名前は言わなくて、ただ大船とだけ言って、行ってしまったもんですから、帰って現像しながら友達に見せて、これ誰だか知ってるか、と聞いてみますと、これは近頃売り出している高峰三枝子だと言う。私は早速、大型の写真に引きのばして十枚ばかり送った。そうすると、すぐにサインをして送り返して来たんです。ただ、その中の一枚だけ抜いてあった。それはあとで考えてみますとね、横顔をアップでとっていて、しわが出ていたのではないかと思うんです。私は、ちょっと女心を垣間見たような気がして、とても愉快だった、というような思い出があります。

また、私はこんな不細工な男だのに、ダンスの好きな友達に連れられて、南京街にあったフロリダというダンス・ホールに通ったこともありました。私はここで、歌手の淡谷のり子を見つけて、プロポーズして踊ったことがありましたが、その偉大なボリュームに圧倒されて、かかえ切れなかったというような、今でもあの感触が忘れられない、楽しい思い出もあります。

とにかく、多忙な多幸な青年で、昼間は顕微鏡下の自然の営みに驚嘆し、自然界の極微な世界が、広大無辺な宇宙の世界とあまりにも似かよっているのに、不思議な感に打たれ、夜は夜で、恋をしたり、失恋もしたり、人並み以上に遊びまわっていたんです。

そんな若さ特有の、喜怒哀楽というか、人間感情のふれあい、働きに翻弄されて、心身の疲労が積もり積もって、結局、研究室で卒倒するような事態にもなったんだろうと思います。ちょうどそのときに、急性肺炎をひきおこしまして、警察病院の屋上にある、気胸療法の病室に放り込まれるような始末になってしまいました。

その病室は屋上にあって、窓の戸がまったくないから、風は通り抜ける、吹雪は舞い込むで、それこそ厳寒の海の中へ投げ込まれたような気がしました。寝ている蒲団の中は暖かいが、顔はもう凍りつくように寒い。看護婦なんかも、寒いもんですからほとんど覗きにこない。体温計を渡したら、さっさと降りていってしまう。全くもって乱暴な療法でした。

個室ではあるし、人はめったにおとずれない。私は急に孤独な世界に突き落とされたような気がしました。今まで、平凡といえば平凡、順調といえば順調な生活をしていたのが、急に調子が狂ってしまった。今で思えば、全く無用な恐怖だったと思うんですけれども、そのときは、まさに死の恐怖というようなものに直面してしまった。

今まで自分が信頼していたものは何だったんだろう、何気なく安心していた安心というものは何だったんだろう。私は平凡な生活から急転直下、懐疑のどん底に落ち込んでしまいました。どうしても今、その解決をしなければならないというような、絶体絶命の感情に追い込まれてしまったんです。

病院はどうにか退院できたものの、いったん落ち込んだ苦悶の世界からは抜けられない。いわゆる生とか死とかということに対して、徹底的な懊悩《おうのう》が始まったわけです。

それでもう、眠れない、仕事が手につかない、精神分裂症の一歩手前というような、悶々たる状態が続き、どうにもならないこの胸の燃えるような悩みを、夜空の星の下で癒やそうとして、山の上や港を、幾晩さまよったことでしょうか。

その晩もさまよい歩き、結局疲れ果てて、外人墓地の近くの港が見える丘の上にある大きな木の根元にもたれかかって、うつらうつらしておりました。寝てるのか、さめているのか、わからないような状態のままに朝が来たんです。それが五月十五日、ある意味で自分の運命を変える日になりました。

私は、港が明けていくのを、うつらうつらと見るともなく見ておりました。崖の下から吹き上げてくる朝風で、さっと朝もやが晴れてきました。そのとき、ちょうどゴイサギが飛んできて、一声するどく鳴きながら飛び去ったんです。バタバタッと羽音を立てて。

その瞬間、自分の中でモヤモヤしていた、あらゆる混迷の霧というようなものが、吹っ飛んでしまったような気がしたんです。私が持ち続けていた思いとか、考えとかが、一瞬のうちに消え失せてしまったんです。私の確信していた一切のよりどころといいますか、平常の頼みとしていた全てのものが、一ぺんに吹っ飛んでしまった。

そして私は、そのとき、ただ一つのことがわかったような気がしました。そのときに、思わず自分の口から出た言葉は、「この世には何もないじゃないか」ということだったんです。〝ない〟ということが、わかったような気がしたんです。今まで、ある、あると思って、一生懸命に握りしめていたものが、一瞬の間になくなってしまって、実は何にもないんだ、自分は架空の観念を握りしめていたにすぎなかったのだ、ということがわかったような気がしたんです。

私は、まさに狂気乱舞というか、非常に晴ればれとした気持ちになって、その瞬間から生きかえったような感じがしました。

とたんに、森で鳴いている小鳥の声が聞こえるし、朝露が、のぼった太陽にキラキラ光っている。木々の緑がきらめきながらふるえている。森羅万象に歓喜の生命が宿るというか、ここが地上の天国だったということを感じたんです。

自分の今までのものは、一切が虚像であり、まぼろしであったのだ、そして、それを捨て去ってみれば、そこにはもう実体というものが厳然としてあった、ということだったんです。

そのときから、自分の一生というものが、ある意味でいえば、それ以前とは全く変わったものになってしまった、と言えるような気がします。

しかし、変わったといいましても、根が全く平凡な愚鈍な男でありますから、そのことに関しては今も昔も変わらない。外面も、内面も、自分ほど平凡な男はいない、平凡な人生を歩んだ男も少ないのではないか。

ところが、ある意味からいうと、このときから、私は、自分ほど波瀾万丈の人生をおくってきた者はいない、ドラマチックな人生をおくった者はいないのではないか、とも思うんです。

私は、日本中の、どの人にも劣っているけれども、誰も知らない、ただ一つのことを知っている、という確信が、そのときから動かない。それがまちがいではなかろうか、と三十年、四十年、常に確かめながら、考えながら歩んで来たけれども、私は一度だって、それがまちがいだという反発材料を見つけ出せなかった。

しかし、私のような愚鈍な男が、かりにその知り得た一事が重大なことで、価値あるものだったとしても、一つの宝石を、その値うちを知らない人間が拾ったようなもので、まさに猫に小判だったとも言えるのではないか、とも思います。

自分が一つの思想を持っている。その思想自体には価値があっても、自分に価値があるんじゃないのです。自分はどこまでも愚鈍な百姓であり、猫でしかない。

そこらあたりが、はたからみると、あるときはひどく謙虚に見えたり、ひどく傲慢に見えたりする。私の山の青年たちにだって、自分はばかな人間だということを知っているから、決して自分のまねをするな、と口を酸っぱくして言う。そうかと言って、自分の言うことを聞かなかったら徹底的にどなりつける。矛盾しているように見えるが、自分では矛盾とは思わない。この自分はだめだけれども、自分が垣間見たものは重大であって、価値のあるものだという確信は動かない。この確信が青年たちをどなりつけ、叱咤するんです。

結局、あの朝の確信というものが、自分というものを、ここまで引っ張ってきたんです。こんな風に考えると、自分ほど可哀相な男もない、と思うと同時に、自分ほど幸せな者もいない、と思っているわけです。

郷里へ帰る

この体験の翌日（五月十六日）、私は出勤すると、すぐに辞表を提出しました。

上司も友達も、何のことだかわけがわからないで、ポカーンとしている。送別会を桟橋の上のレストランでやってくれましたけれど、何だか奇妙な空気なんですね。昨日まで、仲よくつきあって、別に仕事にも不満がなく、むしろ喜んで熱中していた私が、突然やめると言いだした。しかも、本人はうれしそうに笑っている。

そのとき私は、こんなふうにあいさつしたんです。

「こちら側に桟橋があって、向こう側に第四埠頭がある。こちら側があると思うから、向こう側があるんだ。こちらに生があると思うから、向こうに死があると思うんだ。死をなくそうと思えば、こちら側に生があるということをなくせばいいんだ。生死は一つだ」と。

こんなことを言いだしたもんだから、ますますみんなが心配した。何を言ってるんだ、頭が狂ったんとちがうか、と誰もが思ったんでしょうね。みんな気の毒そうな顔をして送ってくれた。私一人が喜んで、さっさと出て行ったわけです。

その頃、一緒に寝泊まりしていた友人が非常に心配してくれまして、少し静養でもしてこい、房総半島へでも行ってこい、と言う。

それで、私も出かけて行った。行けと言われれば、どこへでもその時の私なら行ったでしょうね。バスに乗って、何気なく外を見ていると、「理想郷」という小さな看板が見えたものだから、バスを降りて、理想郷というのはどこだろうと思って探して行った。すると海岸に一軒の旅館があって、その裏へ行くと、絶壁の上に、すばらしく見晴らしのいい所があった。

私は、その旅館に宿をとって、毎日、そこへ出かけては昼寝しておりました。何日いたのか、一週間いたのか、一ヵ月いたのか、とにかく、しばらくそこにおりました。

日が経つにつれて、あの朝の感激もある程度薄れてきて、あれはいったい何だったんだろう、と反省するようになった。やっと人心地がついたというのでしょうか。

東京にもしばらく居ました。何ていうことはない、ただ公園やなんかで、昼寝したり、ごろ寝したり、道行く人を留めて話し込んだりするような生活だったわけです。

友達が心配して様子を見にくる。

「どうもお前は、架空の世界に住んでるんじゃないか、妄想の世界に住んでいるんじゃないか」と言う。

「いや、お前の方こそ架空の世界に住んでいるんだ」と私が言い返す。

両方が、俺の方が現実で、お前の方は架空の世界だ、と言い合う。「さよなら」と友達が言うと、「さよならなんていう言葉を使うな、別れの時は、別れの時だ、明日はない」とかなんとか言って追い返す始末で、友達ももう、さじを投げたような状態だったんです。

東京を出て、次々と下って、関西、九州あたりまで行った。遊びほうけたというか、放浪したというか、ただぶらぶらと歩きまわった。そして、いろいろな人に、一切無用論を吹っ掛けた。世の中のあらゆることは無価値だ、無意味だ。人間っていうのは何やったってだめなんだ。一切のものが無に帰してしまう。ゼロになってしまう。そして、この「無」こそ、広大無辺の有《う》なのだ。

ところが、一般の世の中では、これは全く、きちがいのたわごとにしか映らなかった。全然通用しない。私は私で、この一切無用論という考え方は、世の中に非常に役に立つ、世の中が非常に反対の方向に進んでいる今こそ、この無用論を説くことが、重大なことに思えてならなかった。それで実は、全国を説いてまわるような気持ちで、放浪して歩いたんです。

結局は、どこへ行ってもまるで相手にされず、郷里の親の所へ帰ってきた。

父がその頃、ミカンを作っていたんですが、そのミカン山に入りまして、山小屋で原始生活を始めた。

私はそこで、人間は何もしなくていい、という考え方を、百姓をして、ミカン作り、米作りの上で実証してみようと思ったんです。実証すれば、私の一切無用論が正しいということを自分で確めてみたかった、というより、かたちの上にあらわして、やれる。人間は何も知っているのではない、ものに価値があるのではない、ということを、かたちの上で示してみる自信にみちていたので、なんのためらいもなく始めたのが、私の自然農法なんです。昭和十三年頃のことです。

ところが、ミカン山に入って、ちょうど生《な》り盛《ざか》りのミカンの木を父から譲り受けたまではよかったのですが、父がすでに剪定してしまって、いわゆる、盃状型のミカンの木を作っているところへもってきて、それを放任してしまったから、枝が混乱して、虫がつき、みんな枯れてくる、という始末になった。

私にしてみれば、作物は出来るんだ、作るべきものではない。ほっときゃ、出来るはずだ、放任すればいいんだ、という確信でもってやったのだが、途中から急にそういう風な方法をとっても、うまくはいかない。結局、それはただの「放任」にしかすぎなかったんです。「自然」ということではなかったんです。

それで父も驚いて、これはもう一ぺん、修行し直してこなきゃいけない、どっかに勤めないか、という話になった。

当時、父は村長をしておりまして、奇言奇行の息子がいて、山の中に入っていたんでは世間体も悪いだろうし、戦争が激化する時期で憲兵の世話になるのがいやでしたから、自分も素直に父の言葉に従ったわけです。

その頃は、技術者が少なかった時期で、すぐに高知の試験場に口がかかって、病虫害の主任として赴任することになりました。

そして、高知県も迷惑な話ですが、それから八年間もの長い間、お世話になったわけです。

高知の農事試験場で、私は科学農法を指導し、研究して、戦争中の食糧増産にも挺身してきたわけですが、実をいいますと、その八年間、私は自然農法と科学農法の対比をずっとやっていたのです。人間の知恵を使った科学農法が優れているのか、人間の知恵を使わない自然農法というものが、科学農法に太刀うちできるものかどうか、ということをずっと問題にしつづけていたのです。

終戦の日になりましてね、その日から、あらゆるものが自由になったような気がして、私も、やれやれという気持ちで郷里へ帰り、改めて百姓を始めました。

何もしない農法を目ざす

それからの三十五年、私はもう、全くのただの百姓で、現在まできたわけなんです。その間、一冊の本を読むわけでもなし、外へ出て人と交際するでもない、ある意味で言いますと、まるっきり時代おくれの人間になってしまいました。

だが、その三十五年の間に、私はただひとすじに、何もしない農法を目ざした。ああしなくてもいいのじゃないか、こうしなくてもいいのじゃないか、という考え方、これを米麦作りとミカン作りに徹底的に応用した。

普通の考え方ですと、ああしたらいいんじゃないか、こうしたらいいんじゃないか、といって、ありったけの技術を寄せ集めた農法こそ、近代農法であり、最高の農法だと思っているのですが、それでは忙しくなるばかりでしょう。

私は、それとは逆なんです。普通行われている農業技術を一つ一つ否定していく。一つ一つ削っていって、本当にやらなきゃいけないものは、どれだけか、という方向でやっていけば、百姓も楽になるだろうと、楽農、惰農を目ざしてきました。
結局、田を鋤《す》く必要はなかったんだ、と。堆肥をやる必要も、化学肥料をやる必要も、農薬をやる必要もなかったんだ、という結論になったわけです。

そういうものが必要だ、価値があることだと思い、効果があるように思うのは、結局、人間が先に悪いことをしているからなんです。価値があるような、効果が上がるような条件を、先に作っているということなんです。

人間が、医者が必要だ、薬が必要だ、というのも、人間が病弱になる環境を作りだしているから必要になってくるだけのことであって、病気のない人間にとっては、医学も医者も必要でない、というのと同じことです。

健全な稲を作る、肥料がいらないような健全な、しかも肥沃な土を作る、田を鋤かなくても、自然に土が肥えるような方法さえとっておけば、そういうものは必要でなかったんです。あらゆる、一切のことが必要でないというような条件を作る農法。こういう農法を、私はずっと追求しつづけてきたわけです。

そして、この三十年かかって、やっと、何もしないで作る米作り、麦作りができて、しかも、収量が、一般の科学農法に比べて、少しも遜色がない、というところまで来た。

ということは、人間の知恵の否定です。それが、今こそ実証できたということになる。これはもう一事が万事であって、他のあらゆることにも適用できるはずなんです。

たとえば、教育というものは、価値のあることだと思っている。ところが、それはその前に、教育に価値があるような条件を人間が作っているんだということにまず問題がある、と私は言いたいんです。教育なんて、本来は無用なものだけれど、教育しなければならないような条件を、人間が、社会全体がつくっているから、教育しなければならなくなる。教育すれば価値があるように見えるだけにすぎないということです。

そして、教育ということに関して、私はこういうことを感じています。

終戦前に一度ミカン山へ入って、自然農法を標榜したときに、私は無剪定ということをやって、放任した。私ははじめ、「放任」ということと、「自然」ということを、ごっちゃにしていたんですね。ところが、枝は混乱する、病虫害にはやられるで、七十アールばかりのミカン山を無茶苦茶にしてしまった。私は、そのときから、自然型とは何ぞや、ということが、常に問題として頭にあって、これだということを確信するまでに、永い間模索してきました。そして、やっと自然型とは、これだな、という確信を持てるようになった。自然型というものを作るようになってくると、病虫害の防除も必要なくなって、農薬がいらなくなった。剪定というような技術も必要なくなった。自然というものがわかれば、人間の知恵なんて必要ないんです。

子どもの教育にしたって同じことです。私も初めそれで失敗したが、放任ということと、自然ということが混同されていて、放任が自然であるかのように錯覚している場合が多いんです。

いわゆる放任状態にしておくから、教育しなきゃならなくなってくるとも言える。自然だったら、教育は無用なんです。

たとえば、子どもに音楽を教えることだって、不自然で、不必要なんです。子どもの耳は、ちゃんと音楽をキャッチしている。川のせせらぎを聞いても、水車のまわっている音を聞いても、森のそよぎの音を聞いたって、それが音楽なんです。本当の音楽なんです。

ところが、いろんな雑音を入れておいて、耳を混乱させておいて、つまり、まちがった道に子どもを導いて、子どもの純なる音感を堕落させてしまう。これでは不自然な状態、いわゆる放任状態になってくる。そして不自然な状態において放任しておくと、もう小鳥の声を聞いても、風の音を聞いても、それが歌にならないような頭になってしまう。

そんな頭にしておるから、今度は一生懸命で音階とか音符とかを教えて、歌がうたえるように、音楽が聞けるように、作曲できるように教育しなければならなくなる。

自然のままで、そのまま育てた場合には、本当の耳が澄みきっているから、流行にのったような音楽や楽器は弾《ひ》けないかもしれない。ピアノやバイオリンは弾けないかもしれないけれども、そんなものは、本当の音楽を聞く耳、歌う口とは無関係だと思うんです。歌がうたえなくても、歌をうたう心を持ってさえおれば、それでさしつかえないんだし、五線譜にあらわすことはできなくても、その耳、心が音楽にのっておれば、いつもそれで喜びを感じておれば、それで一向にさしつかえない。人間の心の中に音楽があるということが先決であるのに、その心を失わさせないように育てていくという音楽教育はしなくて、それを不自然な環境の中でくもらせて、しかも、その状態のまま放任しておいて、今度は、やれ、詩がうたえない、歌がうたえない、音痴だ、と言って子どもの尻をたたく。音痴なんていうのは、本来ないはずなんです。自分たちが子どもを音痴にしておいて、今度はそれを直そうとする。教育者も、人間のゆがみを直す修繕屋にしかすぎない。

一般には、自然がいいぐらいのことは誰でも考えている。ただ、何が自然なのかがわかっていない。自然を不自然にする最初の出発点は何なのか、ということがはっきりつかめていないんです。たとえば、木のような場合だと、あの出たばかりの新芽を、ほんの一センチでも、人間がハサミで摘むと、もうその木は、絶対にとりかえしのつかない、不自然なものになってしまう。

自然は、人間がほんのちょっとした知恵を加える、ちょっとしたハサミを加える、ちょっとした技術を加えたときに、とたんに狂ってしまう。その木の全体が狂ってしまう。とりかえしのつかない狂いを生じてしまう。

そうして狂わしておいて、そのまま放任しておけば、初めの自然の秩序というものが狂ったまま、バランスの崩れたまま成長するということですから、枝と枝が衝突する。

新芽をほんの一センチ摘んだために、本来なら、枝も葉っぱも葉序に従って規則正しく発生し、そのすべてが平等な日光を受け、枝は枝の働き、葉は葉の働きをするのだけれども、人間の手がちょっと入ったがために、枝と枝とがけんかする。交差したり、上下が重なってきて、もつれ合うようになってしまう。陽が当たらない部分は枯れてきたり、病虫害が発生したりする。庭の松なんかでも、植木屋さんが、ちょっとハサミを入れると曲がりくねってきて、もう翌年も剪定をしなければ、すぐに枯枝が出てくる、あれと同じです。

結局、人間が、その知恵と行為でもって、何か悪いことをする。悪いことをしておいて、それに気づかないままに放っておいて、その悪いことをした結果が出てくると、それを懸命に訂正する。そして、その訂正したことが効果をあげると、いかにもそれが価値あるりっぱなもののように見えてくる、というようなことを、人間はあきもせずやっているわけです。まるで、自分で屋根瓦を踏んで割っておいて、水もりする、天井が腐る、といって、あわてて修繕して、りっぱなものができた、と喜んでいるのと同じです。

科学者にしたって、そうですね。

偉くなろうと思って、夜も昼も一生懸命本を読んで勉強して、近眼になって、いったい何のために勉強するんだといえば、偉くなって良いメガネを発明するためだ、というようなことなんです。勉強しすぎて近眼になって、メガネを発明して有頂天になっている、これが科学者の実体だと思います。

もう少し具体的に言うなら、ロケットをこしらえて、月の世界へ行くようになって、人間はえらいことやったと喜んでいるけれども、そのロケットを何のために使うかというと、ロケットを打ち上げる燃料が足らんから、ウランを取りに行くんだ、という。ウランを持って帰って、ロケットを打ち上げる。そして打ち上げるロケットには、原子炉の火で出来た、ウランを燃やして出来た廃棄物の死の灰を、地球では捨て場所がないから、結局、コンクリートづめにして宇宙の外まで発射するのだ、と石原さんが言っておりました。あのメガネの話と寸分ちがわないことが起こっている。

いくら、えらい科学者だ、教育者だ、芸術家だといっても、結局、究極の原点から見直してみると、人間は何をやったわけでもないんだ、ということです。それをこの一株の稲や麦が、そしてミカンが証明してくれたんです。人間の知恵というものを明らかに否定してくれたんです。

農業の源流としての自然農法

この数年の間に、私の自然農法に興味を持つ人が非常に増えてきました。そして、ラジオ、テレビ、新聞、雑誌でもさかんにとりあげられるようになりました。

私はただ、人間は何も知っているのではない、ということを確かめ裏付けたいために、こうして百姓をやってきたにすぎなかった。

ところが、今考えてみますと、世の中というのは、全くそれと反対の方向に、猛烈な勢いで進んでいたんですね。自然から離反する方向に向かって、どんどん進んでいた。そして、その極限が近づくに従って、それに疑問を持ち始めて、反省する時期が来た、ということが言えるでしょう。

私がひたすら、一つの道として、自然に帰った農法、人知とか人為とかいうものを否定してしまった農法を、一般の人に奇妙に映っていたこの農法を、科学の発達、暴走の結果として、初めて意味あるものとして注目し始めた。そういう気運が非常に高まってきた。

ということは、私が世の中と正反対の方向へ向かって歩いていた。一般とは全く距離が遠ざかってしまったように見えたのが、それが極限になってみると、一枚の紙の裏表のような関係で、一番身近で、人間にとって一番必要なものだとわかってきた。最も時代おくれに見えていたものが、ふと気がついてみると、今の科学農法よりも、はるかに先を進んでいる。

これは、ちょっと考えると、おかしなようですが、実は、私はそれを少しもおかしいとは思わない。

先般も京大の飯沼先生と会って話したことですが、たとえば、千年前の農法というのは、田を鋤かなかった農法で、それが徳川時代になった三、四百年前頃から、田を鋤く浅耕農法が入ってきた。さらに西洋農法が入ってきて、深く耕す農法になってきたとしても、問題は未来で、私は次の時代は浅耕農法から不耕農法に還りますよ、と断言しました。

ところが、田を全く鋤かないと、これは一般には千年前の原始農法に見えるわけです。一見、昔の農法に還ったようにも見えますが、私のこの米麦連続の不耕起直播というのは、この数ヵ年の間に、各県の農事試験場とか大学あたりでとりあげて研究されてみると、一番近代的な省力な農法だということが実証されてきた。ということになれば、自分の農法は、近代科学を否定して、その反対の方向であるように見えて、実をいうと、近代農法の最先端の農法である、と言えなくもないんです。

この自然農法が、全く科学否定の農法で、非科学的農法だというけれども、よく調べてみると、最も科学的な農法じゃないかと、びっくりして帰っていく大学の先生もいる。

自分は科学を否定しますが、科学の批判にたえられるような農法、科学を指導する自然農法でなければいけない、ということも言っているわけなんです。

実を言いますと、この米麦不耕起直播なんていうのは、もう、三十年も前に農業雑誌などに、私は発表しており、その頃から、よく報道もされて、一般にも紹介されていたのですが、当時はむしろ、単なる一つの変わった農業技術としてしか、とりあげられていなかったのでしょう。

ところが、今はそうではない。これが近代農業の最先端の技術になるのではなかろうか、と予測している学者連中、技術者連中と、そこに懐疑を抱きながら、一つの興味ある材料として見ている連中、こういった連中が、最近ひきもきらずに、この田や山小屋を訪れる。こういう人たちは、さまざまな見方をし、勝手な解釈をして帰っていく。ある者は原始的と見、あるいは時代おくれと見、ある者は最先端のものと見、未来への突破口がそこにあると見る。

しかし、このことで一番大事なことは何かと言うと、まず不動の原点をつかむことでしょう。一般の人々は、その時代時代を先どりすることや、時代おくれになることを気にし、いつも左右に揺れ動いて、さまよっているように見えてしかたがない。

自分は一つのことしかしていなかったと言いましたけれど、どんな時代が来ても、本当の原点というか、中心というものは、常に一定であり、不動であり、不変であると思うんです。

自然農法というのは、太古の時代からあって、キリストの言葉の中にもすでにあらわれておるし、ガンジーなどがやっていた農法がそれではないか、あるいはトルストイの『イワンの馬鹿』の中に出てくる農法もそれだ、と私は思っているんです。

これは、時代によって、場所によって、変動したり、流されたりするものではない。いつも農業の源流として、原点として存在している不動なものです。ちょうど、自然というものが、昔から何の変化もないにもかかわらず、時代によって、その見方が変わってきているのと同じことなのじゃないか。

科学者が自然を離れれば離れるほど、遠心的に離れていくほど、求心的な作用が働いて、自然に帰りたくなる。原点に帰りたくなる。科学に対する猜疑も強くなる。これが現在の、私の所へやってくるような気運をつくり出している一つの原因だろうと思います。

ところが、作用と反作用、遠心力と求心力というのは、実は二つのように見えて、一つなんです。ここに来る連中は、原点に帰ろうとしてやってくるのだろうけれども、本当に帰ろうとしているのかというと、私の目には、どうしてもそうは映らない。これはただ、遠心力で、外を向いてどんどん拡大していって、これでは全てが吹っ飛んでしまう。このままでは、いずれ分散、崩壊につながってしまうから、今度は目を内へ向けて、凝縮の方向へ向けよう、求心的に中心に向かって歩もう、という欲求から出発することが必要だ。原点をはっきりつかんで、原点に帰るというのではなくて、原点がわからないままに、右往左往する。つり合いの観念から、右の者は左の方向に、左の者は右の方向に、中心を求めて動いているにすぎないんです。結果的には原点の周囲を右まわり、左まわりに、ただぐるぐるとまわっているにすぎない、ということなんです。

ですから、それは原点に一歩でも近づくことではなくて、右の者が左に向かって、少し反省してみたり、左の者が右の者に教えを乞うて調和をはかってみる、というようなことではなかろうか、と私は見ているんです。自然に帰ろうというような運動でも、公害問題でも、本当の解決に向かって進んでいるのではなくて、自然離反、自然破壊の一小休止、一ブレーキの役目を果たしているにしかすぎないと思っているんです。

私の自然農法というものは、三十年前にすでに一般に紹介されているし、それからも研究されている。そして、八、九年前にはもう、技術者の間では、これはまちがいではない、これでいいんだ、というお墨付が出ていたんです。出てはいたが、さらにその骨組の上に、着物が着せられるというか、化粧をするというか、商品化するために、けっこう時間がかかるみたいですね。

その着物とか化粧というものは、どういうものかといいますと、やはり、やり方の骨組はいいけれど、その上になお、機械も使った方が便利だろう、農薬も化学肥料も少しは使った方が収量が増えるだろう、ということになってきて、やっと表に出されてくるということなんです。

ここに来る学者たちが、科学否定のように見えるこの田圃を見て、科学の意味を問い返し、これを確認し確信して、これを生かしていこうとするのではなくて、これを一応、反省の材料に使って、さらに科学的な農法を推し進めようとする材料に使うということだけなら、私は、憤懣やるかたないし、悲しいことこのうえない気持ちです。

自然農法がなぜ普及しないのか

私は、小さな村の中ではありますが、七、八反の、あらゆる条件のちがった田圃で、米作り、麦作りを二十年、三十年とやってきて、普遍性があるか、ないか、ということに関して、最重点をおいて試験してきたつもりです。部分的にだけ、あるいは局部的な場所で適用できる手段を開発しようとしてやってきたわけではありません。あらゆる所で実施できる、普遍性をもった手段でなければば、実際の農業技術とはいえないと思っております。

現在、各地の試験場で試験してみて、この農法でお米が田植え以下の収量になった、一般にやっている高うねの麦作りよりも収量が低いという成績が出ている県はほとんどない。現在のところは、そういった各方面からの資料に基づく限り、何の不安材料もないんです。

ではなぜ、これほどはっきりした、歴然とした事実が、一般に普及しないのか、ということになってきます。

それは、結局のところ、今の世の中というものが、あらゆる点で専門化され、高度化されてきたために、かえって全体的な把握ということが非常にむずかしくなった、という点にあると思います。たとえば、高知県の病虫の専門家の桐谷さんなどが来て、この田圃はウンカの消毒をしないのに、なぜウンカが少ないんだろうか、というような調査をした。虫の棲息状態とか密度、天敵と害虫の関係、クモの発生率なんかを調べると、試験場で消毒した田圃の発生密度と、ほとんど同じである。消毒もしないこの田圃の害虫の発生密度が、いろんな薬を使って一生懸命消毒した田圃と、ほとんどちがわない。さらに驚くことは、害虫は少ないが、天敵は、消毒した田圃よりずっと多いから、結局、天敵のおかげで、これだけの状態を保っていることがわかった。高い薬をかけて虫を殺すより、こういう栽培法をとれば、全てが解決するんだ、ということを確認して、高知へ帰っていかれた。

しかし、それでは、その県の土壌肥料や耕作の学者が来たかといったら、それは来ていない。そうすると、おそらく会議やなんかで、ああいう作り方をやってみないか、という意見を出したとしても、試験場全体としては、あるいは県としては、いや、それは時期尚早だ、実施できん。もっと、あらゆる面から研究してみなきゃいかん、ということになってくると思うんです。そういうことになると、このやり方がいいか、悪いかの結論を出すのは、やはり、まだまだ何年か先の話になってしまう。

こういうことが、あらゆる県において行われている。それが実状なんです。視察に来られた技術者や専門家が、このやり方はこういう点で疑問がある、こういう点が悪いというような判断をされたことは、今までほとんどなかった。どなたも、その専門の立場から見ると、これでさしつかえないと思う、と言われる。少なくとも〝さしつかえないように思う〟という言葉を残して帰っていかれる。

にもかかわらず、帰られて五、六年の間に、その県で具体化された例がない。

しかし、現在の試験場の機構、あるいは大学の機構、研究方法からいえば、当然そういうことになるわけでして、まあ、じれったい話ですが、いろんな点で慎重、慎重というブレーキがかかってくる。とはいえ、とにかく一歩ずつは、具体化の方向に近づいているのは確かなんです。今年（昭和五十年頃）ようやく、近畿大学の農学部が「自然農法」のプロジェクトチームを造り、各教室の先生方が、かわるがわる私の田圃やミカン山に来て二、三年がかりで調査することになりました。

しかし、一歩は近づいてはいるが、また二歩反対の方向へ行きはしないかという感じもなきにしもあらずです。

それは、先ほども言いましたが、このやり方の骨組はとるが、そうは言っても、肥料も農薬も、さらに農機具も使わないなんていうと、現在の社会の中では、非常にあたりさわりが多いから、まあ時と場合によっては使ってもよかろうじゃないか、ということで、それらが推奨される場合が多い。そうしますと、農家というものは、科学否定というところまではもちろんいかなくて、折衷したようなところでいこうとする。しかし、それらが便利だからと思って使うのと、それらを使うのが本当の農法だと思って使うのとでは、五十歩百歩のように見えて、やっぱり向かっている方向は正反対である。いってみれば、ゆるやかな一歩だけれども、本当の農業の源流に還ろうとする気配はある。とはいえ、すぐ二歩、そこから離れるという結果も見えている。

そういうことをくり返していきますと、世の中は本当にどちらを向いて進んでいるのかわからなくなってくる。結果的に見たら、やっぱり一歩も自然農法に近づいているのではなくて、むしろ、やっぱり離反しているのではないかと思えてならないんです。

人間は自然を知っているのではない

私は、近頃つくづく思うんですが、この場所に立って、この一枚の田圃をながめるのは、分科した専門の科学者だけの頭ではだめだ。本当は、科学者と哲学者と宗教者の三者はもちろん、あらゆる畑の人、政治家も芸術家も含めて、ここに集まって、ここで評議して、果たしてこれがいいのか、という結論を出すところまでいかなきゃいけないと思います。

今年四月には各県や農試の技術者が揃って、また京都や大阪の大学の先生方、環境科学研究所の人たちですが、グループで二十人ばかり来られました。また、自然農法を実践している世界救世教の全国各県の代表者たちも連れ立って見えました。

私は、そういう状態にならなきゃだめだと思うんです。なぜかというと、専門の農学者や科学者は、自然がわかると思っている。あるいはそういう立場に立っている。自然がわかると思っているから、自然を研究していくんだ、自然を利用できるんだ、と確信してしまっている。

しかし、哲学的に、宗教的に見た場合には、人間は自然を知ることができない、というのが真実であろうと思うのです。

私は、私の所へ手伝いに来て、山小屋で自然農法を学んでいる青年たちによく話すんですが、誰でも緑の山の木を見ている。ミカンの葉っぱを見ている。稲を見ている。緑というものを知っているように思っている。朝に晩に、いつも自然というものに接して、その中に住んでいるように思っている。ところが、人間は自然を知っているのではないんだ。そして、この〝自然を知っているのではない〟ということを知ることが、自然に接近する第一歩である、自然を知っていると思ったときには、自然から遠ざかったものになってしまう、と。

何故、自然というものを知ることができないか。自分たちが知っている自然とは何かといえば、自然そのものの本体を知っているのではなくて、自分の頭で勝手に解釈した自然というものを、自然と思っているにすぎないんだ、と。もしくは、植物学的な植物、つまり、これはイネ科の稲である。これは柑橘《かんきつ》類のうちのミカンである。マツ科の松である、ということを知っているのでしかない、と。

むしろ、本当のものを見てるのは、赤ん坊とか子どもなんです。何も考えないで見ている。子どもの目はストレートに澄み切っているから、ストレートに緑を見ていて、緑は緑だという感じしかない。ところが、大人の目で見ている緑は、七色のうちの一つの緑にしかすぎない。カラーテレビの緑も、自然の緑も、何も区別がつかない。それから受ける感動というのも、テレビでも自然でもちがいはない。そして、緑が濃いとか、薄いとか、鮮明であるとか、鮮明でないとか、そういう見方にしかすぎない。

一つの立場から見たものは、本物でないということを各自が知り合わないと、本当の、一つの話にはならない、と私は思います。

各専門分野の各方面の人が相寄って、一株の稲を見る。病虫学者は病虫の立場で見る。肥料学者は肥料の立場で見る。それも現状ではやむをえない。やむをえないが、そういう人たちが集まって一つのものを見た場合、変わった、全体的な把握が出来るんではなかろうか。そういうことが、現在は欠けていると思うんです。

たとえば、高知の試験場の人が、ウンカと天敵の関係を、うちの田圃に来て調べたときに、私は言ったわけです。

「先生、先生はクモの研究をしているから天敵の中でもクモだけをつかまえているのでしょうが、それでは、実はだめなんです。今年は、クモが大発生したけれど、先年は、ツチガエルが発生した。その前は、何がよく発生したかというと雨ガエルだった。こういう差があるんですよ」と。

その年、その時期によって、何が役立っているかということは、実は、部分的な研究や、把握では、つかまえられないと思います。クモが発生したから、ウンカが少なくなったという場合もある、あるいは、雨が多くて雨ガエルが発生したために、クモがいなかったという場合もある。あるいは、逆に、雨がなくて、旱魃《かんばつ》になって、田圃に水がなかった。そのために、セジロウンカと、トビイロウンカが発生しなかったということもあるんです。私は、ウンカの防除にわざわざ薬剤かけて労力かけてやるよりも、反対に、田圃を干し続けて、水を入れない、あるいは、腐った水を掛けないということの方が、どんなにか大きな効果があるかわからない、というふうな実験をずいぶんやってきている。田圃の水を、入れる入れないということと、虫の関係などが無視された病虫害の防除対策というものは、実は、無駄なんです。ウンカとクモとの研究という立場からの研究も、実をいうと、クモとカエルとの関係というようなものを、にらみながらの研究でなきゃいけないんですよ。こういうことになってくると、カエルを研究している先生も、ここへ来なきゃいけない。クモの研究してる人も来なきゃいけない。生物の先生も、水と稲との研究をしている先生も、ここへ集まって来なきゃいけないんだ。

さらに言えば、クモなんかでも、この田圃には四種類も五種類もいる。その中での、あるクモなんかは、まるで飛行機のようにクモの糸に乗って、飛散していくやつがある。これは、年によると、稲株を刈った翌朝なんかに行ってみますと、前日までは何ともなかったのに、一晩のうちにですね、もう、絹糸を張ったように、クモの巣が一面に張られている。そしてそれが朝露にくっついて、きらきら光りながらゆれていて、まことに見事な情景を呈しているようなことがあるんです。

近所の人が、福岡さんの田圃は、遠方から見ると絹の網を張ったように見えるが、あれは何を張ったんですか、と言うから、いや、別に、かすみ網を張ったということもないんだが、何だろうと言って、とんで行ってみたことがあるんです。それほど見事に張ることがあるんです。それが一日、二日のことで、それだけ変わってしまうのだから驚異です。よく観察してみると、もう一平方センチに一匹か二匹はいるんですよ。それはもう、びっしりとすきまのないほどです。一反の田に何万なんて数字ではない、幾百万、何千万匹といることがある。

そしてまた、それが、二、三日して行ってみると、特に風の吹く日なんかには、二、三尺から数メートルほどの絹の糸が、風にのって、サーッと飛んでいる。いったい何が飛んでいるのかとよく見ると、クモの巣の糸が切れて、風に飛んでいて、それに五~六匹のクモがぶらさがっているんです。ちょうど、松の実やタンポポが、風にのって飛んでいくあんな状態です。クモの糸を、飛行機代わりにして、それにすがって、クモの子が遠方まで飛行していくわけです。その情景というものは、全く、すごいというか、自然の大きなドラマなんですね。そんなのを見ますと、これはもう、芸術の世界というのでしょうか、そこにはやっぱり詩人とか芸術家も参加していなきゃいけないんです。そうしてこそはじめて、自然っていうものは、どういう営みをしているのか、どういうドラマが行われているのか、ということもわかってくる。

田圃の中に、薬をかけたら、そういうものは一ぺんに死滅します。おどろいたことには、そのクモなんかもですが、私が一度、かまどの灰をふるくらいならさしつかえないだろうと思って、かまどの灰をふったことがあるんです。そうすると、一ぺんに絶滅してしまった。クモの糸が切れてしまうわけです。切れてしまって、二、三日して行ってみると、クモがいなくなってしまっている。あの、全く無害だと思われるような、かまどの灰でさえも、それを一握りふることが、何万匹のクモを殺傷することになる。そして、そのクモの巣は、無残に破られてしまう。灰でさえもそれだけの破壊をしているわけなんですね。そういうことから言いますと、一つの農薬をふるというようなことが、単に、害虫であるウンカを殺し、天敵であるクモを殺すということだけでなくて、どんなに、自然の中で行われているドラマを破壊するかということに、気がつかなきゃいけないんです。

秋の末に、田に大発生していたウンカの大群が、忍術をつかったように一晩でいなくなる現象などまだ解っていないんです。どこで越年し、どこから飛来するのか、どこへ消えて行くのか、まだ謎なのです。虫の専門家が知っている事実はほんのわずかなことです。

そうすると、薬剤散布は、病虫学者の問題ではなくて、いわゆる、人間の真、善、美を追求する、すべての者、哲学者、宗教家、それから、美を追求する芸術家も参画した検討会を開いて、農薬を散布しても、大丈夫なのか、いけないのか、肥料をやるということは、どうなのか、ということが論ぜられなきゃいけないんです。宗教家だから田圃のことは知りません、肥料をやるとか、やらないとかは関係ないっていうような考え方をしていていいものか。美術家が、画布の上で、秋の展覧会に出すために一生懸命に部屋の中で絵を描く。外には一歩も出なくて、自然の美は何であるかということとは無関心で、抽象画を描きゃいいんだ、やれ、なにやら画を描きゃいいんだ、といって描いているが、それでいいものかどうか。こういうことが、いかに、自然から離れていることか。自然というものよりは、人間の知恵、人間の考えた、真、善、美の方が偉大なように錯覚しているが、一度でも、その田圃の中の小さなドラマや驚異の世界を見てみたら、そんな、人間の知恵とか、考え方というものが、いかに浅薄なものであるかということが、一見してわかるはずなんですけれど。

ここの米麦が十俵以上ある、ことによると今年は愛媛県一になるかもしれません。十五俵以上とれば、部分的には日本中探してみても、これ以上の最多収量を得てるということは、ないかも知れない。県や農林省の試験場の人だって、来てみて、わかるんですよ。そういうような収量を得ている田圃が、科学を否定して出来ているという事実は事実でしょ。この田圃を見て、このわずかの、数反の田圃を材料にしても、この中を徹底的に追究していけば、自然というものが何であるか、果たして人間が知ることができないのか、できるのか、人間の知恵の限界ということも、おのずからわかってくると思うんです。人間の知恵が、いかに小さいかということを知るために、科学的知識は役立つにすぎない、といったら皮肉になるでしょうか……。

第二章　誰にもやれる楽しい農法

——世界が注目する日本の自然農法

米麦作りの実際

虫がうようよ

麦刈りの手を休めて腰を下ろしている時、私は青年たちに話しかけました。

「君たちが手をついている手のひらの下に、何匹ぐらい虫がいるか数えてみないかな」

皆んな、土に顔をつけ、目を皿のようにして数えだしました。

「手のひらの下、約十平方センチに、百匹ぐらいいかな……歩き廻るのでわからない」

「いや二百匹以上もいるよ、数えきれないよ……驚いたな」

「どんな虫が……」

「アリなんかだ」

「アリじゃないよ、こりゃクモの子だよ」

「ハリガネムシ・ゾウリムシ・トビムシ・ハサミムシ・アザミウマ・ウンカ等いろんな虫がいるだろうが、一番多いのは、クモの子だろう」

「すごい虫の数だな、……隣の田はどうだろう、……やっぱりきれいに田鋤きした田にはほとんどいない」

その内、もそもそと体を動かしていた青年が、すっとんきょうな声をあげました。

「ひゃー、クモの子が体中一ぱい這い上ってきた……君のよもぎ頭の髪の毛の先にも、クモがぶらさがっている、十四、二十四……愉快だなあ……」

いっとき前に刈り倒された麦わらの上に、もう一面にクモの巣が張っている。

五月の太陽の下では、一瞬一刻の遅滞もなく、小動物の生活がいとなまれている。

虫の観察は青年たちにまかせて、自然農法のやり方をお話ししておきましょう。

雑草があっても米麦がよくできればよい

ごらんなさい、この大地と青空の下で、発散させている麦のこの強烈なエネルギーを。圧倒されるでしょう。

反(十アール)当たり十俵以上出来ていますよ、この麦の足もとをかきわけてみてください。麦の足もとにはクローバーが生い茂り、ハコベやスズメノテッポウなどの雑草も、ちらほら混じって生えています。そしてそのクローバーの下には、昨秋ふりまいた稲わらが、よく腐熟した堆肥のようになっているでしょう。

麦があり草があり、堆肥があるから、いろんな虫が、うようよするほど生活できるのですよ。これが自然の姿です。

先日来られた牧草の権威の川瀬先生や、古代植物研究家の広江先生などは、麦がよく出来て緑肥がある姿をみて、すばらしい芸術品だと言ってくれました。

視察に来た農家は、予想したほど田に雑草がないと言う。技術者は、わずかの草や、セリがあれば、首をかしげることもあります。

しかもこんな時、私はこう言います。

「私が三十年ほど前、果樹園にクローバー草生をすることを奨めた頃、果樹園には、草一本ないのが普通で、畑に草を生やすなど、とんでもないと笑われた。

その後クローバー草生は、私が期待したほどは普及しなかったが、クローバーを播いている内に、緑肥の中に雑草が生え、やがて雑草の中でも果樹は出来るものだとの理解が、おのずから定着した。今は全国どこの果樹園でも、草があるのがあたりまえで、草のない園が珍しくなった。

田圃も今にそうなりますよ、一年中米麦の中に緑肥（草）があっても、米麦がよく出来ればよいわけですから」と。

米作り・麦作りの方法

もう一つこの麦田の中には大切なことがあります。よく見てください。土の中に播かれた粘土団子から、稲苗が二、三センチに芽を出しているのが見えるでしょう。

結局これはどういうことになっているのかと言いますと、米麦が同時に混植されているわけです。

米と麦の作り方を、一口に言いますと――

秋のまだ稲がある内に、十月上旬頃ですが、稲の頭からクローバーの種を十アール当たり五百グラムほどばら播いて、つづいて十月中旬に麦種（早生の日之出種、六～十キログラム）をばら播きします。普通、稲刈りの二週間ほど前までに播いておきますと、稲を刈るときに、クローバーも麦も二〜三センチ以上にのびておればよいのです。麦踏みをしながら稲刈りをすることになりますが、脱穀がすんで、出来た稲わらは、長いそのままで、田全面に振りまきます。

その前後に、十一月中旬以降がよいのですが、稲の籾種（六〜十キログラム）を、粘土団子にして播いておきます。

そのあとで乾燥鶏糞をアール当たり二十〜四十キログラム散布しておけば、種播きは終わりです。籾は正月前に播くと、そのままでは鼠や鳥の餌になったり、腐ったりしますので、粘土団子にするわけです。粘土団子は、粘土に籾をまぜ、水を入れて練り、金網からおしだして半日乾かしてから、一センチ大の団子にするか、水で湿した籾に粘土の粉をふりかけながら、回転させて団子を造る。

五月の麦刈りの時は、稲の苗を踏みますが、やがて回復します。麦刈り、脱穀がすめば、そのとき出来た麦わらを、長いままで、田全面に振りまきます。クローバーの繁茂が激しくて、稲苗が負けるときは、四、五日か一週間、田に水を溜めて、クローバーの生育を抑圧します。

元肥の鶏糞は麦の時と同じです。

六〜七月はあまり水をかけず、八月以降、時々走り水をかける無滞水（一週間に一度ぐらいの走り水でもよい）にして、稔りの秋を迎えるわけです。

これで米麦作の一代を説明したことになります。

種播きが一〜二時間、わらふり二〜三時間、その他で、収穫労力を別にすると、麦は全く一人役、米で二〜三人役というところでしょうか。これ以上簡単で、省力的な作り方はないでしょう。

この方法を技術的には米麦連続不耕起直播という呼び名で言ってきましたが、緑肥草生米麦混播《まぜまき》栽培と言ってもよいと思います。

稲だけだと、越冬栽培と言ってもよいのです。どんな名前がよいか考えているのですが……。

とにかく私は、この方法を自然農法の米麦の基本的型《パターン》として、提案し、すすめているわけです。

あれもしなくていいんじゃないか、これもしなくていいんじゃないか

こんなふうに米麦作りの方法を話してしまいますと、あまり簡単なので、なあんだ、ちょっとした思いつきじゃないか、それなら素人でもやれる。いや、もっといい方法があるだろうと言われるかもしれません。

だが、こんな簡単な方法にしぼるまでに、私は四十年間費やしたのです。無手勝流の農法になっていますが、無手勝流は、一番簡単だが一番むつかしいものでもあります。一番きびしい農法と言ってよいと思います。

私は農業技術者としての生活が十年、百姓生活三十七年ですが、その間一途に追究してきたのは何かといえば、〝人知、人為は一切が無用である〟という思想から出発して、なんにもしないでやれる農法があるはずだとの確信をもち、どうすれば何もしないですむかということだけを追究してきたと言えます。

とはいえ、戦前、農業試験場におりましたときには、普通のやり方で、ああすればいいんじゃないか、こうもすればいいんじゃないか、という技術の寄せ集めの研究も同時にしてきたわけです。

そして試験場から出てきて、百姓を始めたときには、どんな百姓よりも米作りはうまいだろうと思って、実はひそかに自信をもってやってみた。ところが隣に比べて一向に上手ではない、隣の百姓の方が大分うまいんです。

ああすればよい、こうすればよい、という技術は随分知っているつもりでしたが、それをやればやるほど忙しくなるばかり、苦労するばっかりです。出来る米はやっぱり十俵程度までだ、ということになってしまう。

それより前から、いろいろ考えていた、米作りの考え方を根本的に変えた自然農法を実践してみたんです。よりよくするための〝技術〟の寄せ集めは一切やめてしまって、逆の方向をとった。あれもしなくていいんじゃないか、これもしなくていいんじゃなかったか、ということを追究して、それらをみんなやめていった。

だから、自分の米作り麦作りは、きわめて簡単なものになってしまって、もうこれ以上手を抜くところはないようになってしまった。種を播いてわらを振るだけですから。だが米麦ともに反当たり十俵以上をとるようになるまでには二十年も三十年もかかってきたというわけです。しかし、これは自然農法で成功するには、永年かかるという意味ではありません。

今年よく出来た田は、一平方メートル当たり十粒播きで、一株が二十本になり、一穂平均粒数が二百五十粒で玄米総重量がなんと一屯《トン》（反十五俵どり）になっています。これは自然農法向きの多収品種をつかったからです。

自然農法の四大原則

四大原則とは

第一は、**不耕起**（無耕耘あるいは無中耕）です。

田畑は耕さねばならぬものというのが、農耕の基本ですが、私は敢えて、自然農法では、不耕起を原則にしました。なぜなら大地は、耕さなくても、自然に耕されて、年々地力が増大していくものだとの確信をもつからです。即ち、わざわざ人間が機械で耕耘しなくても、植物の根や微生物や地中の動物の働きで、生物的、化学的耕耘が行われて、しかもその方が効果的であるからです。

第二は、**無肥料**です。

人間が自然を破壊し、放任すると、土地は年々やせていくし、また人間が下手な耕作をしたり、略奪農法をやると、当然土地はやせて、肥料を必要とする土壌になる。

しかし本来の自然の土壌は、そこで動植物の生活循環が活発になればなるほど、肥沃化していくもので、作物は肥料で作るものだとの原則を捨て、土で作るもの、即ち無肥料栽培を原則とします。

第三は、**無農薬**を原則とします。

自然は常に完全なバランスをとっていて、人間が農薬を使わねばならないほどの病気とか害虫は発生しないものです。耕作法や施肥の不自然から病体の作物を作ったときのみ、自然が平衡を回復するための病虫害が発生し、消毒剤などが必要となるにすぎない。健全な作物を作ることに努力する方が賢明であることは言うまでもないでしょう。

第四は、**無除草**ということです。

草は生えるべくして生えている。雑草も発生する理由があるということは、自然の中では、何かに役立っているのです。またいつまでも、同一種の草が、土地を占有するわけでもない、時がくれば必ず交替する。

原則として、草は草にまかしてよいのだが、少なくとも、人為的に機械や農薬で、殲滅《せんめつ》作戦をとったりはしないで、草は草で制する、緑肥等で制御する方法をとる。

この四原則について、もうちょっと説明を加えておきます。

(1) 田畑を耕さないというと、誰でも、一時的なものだろうとか、原始農業だろうと思うようですが、山林の木は耕さなくて、肥料もやらなくても、年々成長していますが、この成長量を計算してみると、十アール当たり、ミカンだと二千キロ、米に換算すると十俵近くが、ただで出来ている勘定になるのです。自然の力は予想以上にあります。

しかし、どこでもというわけにはゆかず、はげ山は、放置しておけば百年たってもやせた赤土で、一俵の米も出来ない。松の木を植え、雑草やクローバーを生やして、十年経ってみると、十センチの表土（黒土）が出来ていたことがあります。雑木山は杉山や檜山より土が一番早く肥沃化します。杉や檜を続けて植えると土がやせてしまうことは、山林家がよく経験することです。

土壌肥料の専門家に「田畑の土は放置しておけば肥えるでしょうか、やせるでしょうか」と何気

なく尋ねてみると、たいていちょっととまどって、

「さてどうかな、やせるだろう……いや、長年米を無肥料で栽培していると、そこは収量が反当たり四俵ぐらいに、ほぼ落ちついてくることを考えると、土はやせもせず、肥えもせずだろう」なんてよく言われるものです。

休耕にしていると、日本の田はやせてしまうような話もよく聞きますが、私にはそうは見えません。

自然は自然にほうっておいても肥沃化する。どのようにしておけば、田畑はどんな速度で、どう自然に肥沃化するか、農業で最も基本になる大切なこのことに関する研究は全くありません。おかしいことですが、山にどんな木を植えたら、畑にどんな雑草が生えたら、土がよくなるのか悪くなるのか、そんな試験は全くないのです。ただ機械で深耕したら、肥料や土壌改良剤をやれば土がよくなるという試験ばかりです。機械がどのように土を破壊するかの研究はありません。

私は何十年も、ただぼんやり自然をみていただけですが、それでも自然の耕耘、つまり、モグラやミミズ、作物の根などによる生物的耕耘の方が、人為的耕耘より優れて、黒く深く肥えてきたのをみて、不耕起、無肥料でゆける自信を深めてきました。

大体、農作物が吸収している最大要素の窒素肥料の七割は、自然の土や水から供給されているもので、三割を人間が施しているのですが、米、麦や果物の実だけをとり、わらや作物の茎葉全部を元の土にもどすようにすれば必要量は一割余りで、緑肥など作れば殆ど肥料はいらないはずです。
(2) 農薬をつかわなくても、自然の樹木や草が、目にみえて枯れることはないはずだといえば、

疑問に思う人もいましょう。

例えばこの頃、松喰虫《カミキリ》で、日本の松が激しい被害を受けています。

現在、ヘリコプターでの空中散布で被害をとめようとしていますが、効果があがるとは思えません。別の道があるはずだと思います。

松喰虫の害は、この頃の研究では、直接の虫害ではなく、松喰虫が媒介した線虫が、猛烈に松の幹の中で繁殖して、水道管がつまったような状態で松が枯れるのだと言われていますが、だが、まだまだ真の原因が本当にわかったということではありません。

松喰虫の害でなく線虫の害だとしても、線虫病がなぜ急激に西日本に激発するようになったのか。線虫の餌《えさ》になるのは松の幹の中の黴菌アルターナリヤなどです。黴が多くなったので、これを食べる線虫が増えたとみえます。この黴が松の中で、なぜ、この頃異常繁殖したのかと言うと、根が腐っているからです。松の根腐れは松の根に寄生する松茸菌が死んでしまったからです。なぜ松茸菌が死んだのか、まだはっきりしませんが、黒線菌などが異常に発生したためと思えます。この害菌の発生は土壌微生物界の異変に出発するものでしょう。酸性の雨で土壌が強酸性になったことが引き金になっているようです。強酸と高温で松茸菌が死滅したことがきっかけになって、根が腐り始めたのかもしれません。こうなると何が原因やら結果やら皆目わからなくなる。線虫の餌になる黴に寄生する黴もいる。黴を殺すヴィールスもいるとなると、線虫激発の出発点はどこにあるのか、自然の生物連鎖のどこからか狂い始め、あらゆる方面に影響して、異常に松が枯れるという現象がおきたのだとでもいうしかなくなる。一種の公害病ともいえるでしょう。松茸菌が死に、幹に侵入した黒変病菌で松が衰弱し、弱り目に松喰虫がついただけで松が枯れ死んだとしか思えません。

松が枯れた真因は何か、枯れたのが自然破壊なのか、自然復元だったのか、松が枯れた方がよいのか、悪いのかすらわからないままで、下手な手出しをすると、更に大きな禍根の種を蒔くことにもなるので、私は今慎重に見守っているだけです。

どんな動植物でも四百四病がある。だが自然の中では、農薬を使わねばならぬほどのことはまずない。また、農薬を使用するのは最もまずい手段である。異常は必ず人間が原因になっている。人間が反省し、自然に還る自然的な手段をとることの方が先決であり、必ず解決できる道があるはずです。

自然農法の四原則といっても、それは人知、人為による四原則ではなく、いわば自然の力を生かし、その秩序に従ったままでです。

私は、米麦や果樹の栽培方法をこのような考えのもとに模索してきたが、もとよりこれに並行して、科学的農法による作り方も、一通りは実施して、その優劣を比較検討してきたつもりです。

発芽の問題

何百年も前から、同じ田に米と麦を毎年連作して食糧を確保できたのは、水田に米を作り、優れた灌漑法を開発して地力を落さなかったからで、世界中でこんなに優れた農法はなかったのです。他国の人は驚異的神秘的農法とさえ言っています。それだけ簡単にみえる苗代《なわしろ》づくり、田植え技術は、たやすいものではありません。百姓は苗代をつくって、毎年、今年こそ立派な苗を作ろうと努力してきたのです。わずかの面積の苗代を床の間のようにきれいに整理し、土を砕き、砂や、焼きもみがらなどをかけて、発芽の揃うのを祈ってきたのです。

私が最初耕さない田圃に籾を播いたとき、稲株や麦株があり、わら屑や雑草の生えているそんな中に乱暴に籾を播いてうまくゆくなんて、誰も思いませんから、周囲の者から最初、狂人と見られたのも無理ではなかったのです。

もちろん、耕耘した所に直播する方が発芽しやすいのですが、途中で雨にでもふられると泥田になり、ぬかるんで田に入れなくなり、直播を中止せねばならなくなります。

不耕起の方がその点安全ですが、反面、雀や鼠、ケラ、ナメクジに芽を食われて難儀します。粘土団子の種播きが一つの解決の方法になったのです。

稲の不耕起栽培に初めて成功したときは、私は内心コロンブスの発見のように喜びました。

雑草対策

第二の難問は雑草対策でした。雑草に困り一時、石灰窒素を朝露のある間に散布して雑草を枯らしておいてから、麦や籾を播いたりもしましたが、石灰窒素や除草剤を廃止するのにも難儀をしました。結局雑草対策の要《かなめ》になったのは、

(1) 不耕起にすると、雑草の種類が単純化し、短年月で雑草、特に水草のヒエなどが少なくなったのは最初意外でした。

(2) 耕種的方法として、前作のある間に、次の作物の種を播き、収穫すれば、続いて次の作物が

生育しており、両作物の間に、時間的な隙間をあけないという方法をとりました。
冬の雑草は、稲刈り直後から発生しますが、冬草より麦を早く成長させておく。夏の草は、麦刈り直後から急増しますから、その前に稲を育てておくという具合です。
(3) 米麦のわらで、収穫直後に全面を被覆して、雑草の発芽をおさえる。
(4) 作物の足もとに緑肥（クローバーか、うまごやし）を播いて、雑草の種をきる。
という三段がまえで、ようやく雑草対策ができるようになったのです。

病虫害防除

雑草対策の次は病虫害防除を農薬をつかわないでやる方法に苦心しましたが、これは自分が専門であった関係で、かえって意外に楽で、早くから全面的に実施できました。

方法はいろいろありますが、まず強い作物、健全な環境を作ってやることが先決でした。稲では、灌漑方法を根本的に改めることが健全作への近道になります。

肥料の問題は、最初からあまり問題はありませんでした。水稲と言っても、常時稲は水を欲しがっているのでなく、水稲は水に耐える力が強いというだけで一週間も連続して水を溜めると根が腐り始め、不健全になり病気や虫がつくようになります。今でも一昔前のように田にアヒルの放し飼いでもできればよいのですが、国道ができてアヒルの道が遮断されました。できなくても緑肥草生でよい成績をあげることができます。鯉を飼ったりカブトエビを放ったりもしてみました。

まあいろいろと失敗してきましたので、どんな時、どんな失敗をするかという点では、だれよりも多く知っているという妙な自信もあります。とにかく、科学技術のすべてを削ろうとして、あれもやめ、これもやめとばかりに骨身を削って来たのです。

それでも、米麦連続不耕起直播という名をつけて、『農業及び園芸』という農業雑誌に発表したとき、養賢堂の金原先生と農林省の農業技術研究所長の河田党先生が、十年後の日本の稲作の指標になるだろうと絶讃して、激励してくれたのは有難かったですね。

昭和三十六、七年のことですが、この時の不耕起直播・冬蒔き・緑肥草生が現在の自然農法の基本パターンになっています。

岐路に立つ日本の稲作

稲作の本命は不耕起直播だ

今、日本の稲作は、経済的にも栽培方法の上でも、重大な岐路に立たされています。田植え方式か、直播か、直播だと耕起直播か不耕起直播かで、技術者も農家も迷っています。私は二十年以上も前から、日本の稲作の本命は不耕起直播だと言ってきました。

十年前頃のことでしたか、岡山県の農業試験場の松本場長にお会いして、いろいろ話をした末、場長は「話はわかった。今後、岡山県には一台も田植機械は入れないよう努力しよう」とおっしゃいました。また、その頃、同県の農業団体の連絡協議会の招きを受け、講演したときも、直播時代が来ていることを強調しました。

この会場には県や農協の指導者技術者、肥料、農薬会社の人も見えておりましたが、各方面の人が、一堂で出会うということに重要な意義があったと思います。その時の私の話は科学と哲学の対決の話になりました。一時は岡山県や兵庫県の直播の普及速度には目をみはるものがあったのです。しかし時勢には勝てません。機械化万能の時代が来て、田植機械が全国を駆け廻るようになりました。


科学農法の中でも意見が対立しているわけですが、ごく最近は、科学農法も反省してきて、自然農法の骨組をとり、部分的に科学の便利な方法をとる、即ち米麦連続不耕起か浅耕で、化学肥料や除草剤をつかう、折衷方式も実行されるようになりました。

もちろん私のように何十年でも田を鋤かず、耕さなくてよいと断言している県はありませんが、大方の県はまだ試験が継続中ですけれども、三ヵ年や五ヵ年位の連続不耕起はさしつかえないと発表しています。

また愛媛県などは、米麦の同時混播（越冬栽培）の試作の成績がよいので、〝夢の米作り〟と名付けて宣伝するようになりました。

私のやってきたことが、技術者にヒントを与え、応用されるようになったことは幸いですが、また反面、危惧の点もないわけではありません。それは自然農法が中味であっても、外装が科学的農法で、化学肥料や農薬廃止の方向には向かっていない点です。

化学肥料は廃止できないかというと、やろうとすればできると思います。例えば田にアヒルを放し飼いするのです。稲の幼苗期に、ひなを入れておくと、稲の成長につれ、ひなも大きくなりますが、中耕、除草して、その上、糞で肥料がいらなくなります。

わら還元、緑肥、水藻の利用、アヒルや魚の放し飼いが上手にやれたときは、完全無肥料でゆけますが、僅かな失敗が大きな失敗になることもあり、自然農法は、きびしい農法でもあります。

無農薬では食糧確保は責任がもてないと言われる人があります。病院で今急に薬を使わないようにすることなどはできないのと同じことだと言われる。しかし人間相手と作物では根本的に違います。稲の三大病害といわれる、稲熱病や菌核病、白葉病などは、弱い品種を使わない、窒素過多にしない、灌水量を減らして根を健全に作る、これだけを忠実に守るだけで、消毒剤など廃止ができます。私の田は初め地力がない秋落土壌で胡麻葉枯病が常発する田でしたが、田が肥沃化するにつれ、今は全く発病しません。

害虫も根本的には同様ですが、天敵を殺さず、守ってやる環境をつくることが第一です。といってとりたてて言うことはないのですが、常時滞水して、悪水、汚水をかけることが一番悪いと思います。水管理次第で、夏ウンカや、秋ウンカなども制御できるものです。

ただ、冬雑草の中で越冬するツマグロヨコバイがヴィールスの保毒虫になっていると、稲に萎縮病が出て一〜二割の害を与えることもありますが、農薬散布をしなければ、ウンカに対し何倍かのクモなどが普通いるのですから安心しておれるのです。クモなどは、ちょっとした管理（人為的）で死滅しますので、いつも注意して見ていることです。

農薬廃止の条件

今農薬を全廃したら、収量が何割も減少するだろうと一般の人は思うでしょうが、病虫の専門家だったら、まず五％位と言うでしょう。科学的な農業技術は五％技術と言われます。肥料をやらなかったら五％、薬がなかったら五％減収と思っておれば、まず間違いのないところです。部分的には大変な減収になると思われるのに、最後の結果は大した被害にならないで終るものです。自然には相補性とか、相殺性という作用が働き、自然に復元する力は予想以上に強いもので、そのため最後の収量は大差がない、大同小異になってしまうのです。

もちろん初めから農薬をあてにしない作り方をする方が賢明で、より以上の収量もあげられます。稲の病虫害は、水田で水を使うのを抑えさえしたら、農協がすすめる農薬散布をやめても、その年からでも、一割以上の減産になることはない。悪くても五％減にはとどまる。うまくすると、かえって増収になると確信しております。

自分も高知の試験場にいて、メイ虫の防除試験なんかやったんですが、被害率を調べるのは簡単なんです。白穂が何本あるかをみればよい。百本中白穂が何本あるかというと一〜二割、三化メイ虫なんかひどい時には三割ぐらいのときもある。全滅したようなひどさに見えるとき、被害率は三割くらいなんです。

この被害を避けるために、薬をかけて、白穂が一本もないような田にすると、どんなにいい成績になるかと思ったら、まったくそうでない。比べてみても、反対に白穂のある方が収量が高いことが多い。私は、初めそれは試験誤差だろうと思った、自分としてはね。

ところが、そういう実績が多いから、これはどうしてだろうと調べてみた。結局、出来すぎているような稲に虫がつき、虫が稲をまばらに刈り取ってくれるような効果をもたらしている。日光が繁りすぎた稲を透過して、根元まで多くとどくように、虫が草数をコントロールしている。残った稲の生育を、虫が助ける結果になる。過密のままで虫がつかないでいると、外見はいい稲だが、稔りはかえって少ない場合が多いんです。物事の真実には必ずこういう側面がある。

たくさん出版されている試験場の報告書等を見ますと、薬剤散布の効果ということが、ほとんど全部に出ております。ところがこの成績というのは、半分のことは隠していることをご存じでしょうか。

隠すつもりは勿論ないのですが、発表された成績を農薬会社が利用する場合、実は隠すような結果になっている。

悪い成績は試験誤差としてチェックし、捨ててしまっている。実際には、病虫害の防除をして増収になることもありますが、かえって減収になることもあるのに、これはまず発表されることはないんです。

近所の人が、無農薬田を造ると迷惑だとか、科学農法をやっていて、急に無消毒にすれば、病虫害に甚しくやられるだろうと、心配する向きがありますので、私は一度実験してみせたことがあります。

それは隣接の田と、遠方の田と五ヵ所五十アールの田植え直後の田を、一年間十アール九俵の年貢で借りて作る契約をしたのです。

普通八〜九俵とればよい地帯ですから、喜んで皆んな契約しました。

私は翌日、早速田の水を全部落とし、化学肥料は一切使わず、鶏糞だけをやり、無消毒をつらぬきました。

四枚の田は順調に出来たのに一枚だけ、どんなにしても稲が出来すぎイモチ病が出ました。尋ねてみると冬期鶏糞のすて場にしていたのだというのです。止むを得ず非常手段として、葉先を鎌で刈り取りましたら、葉イモチもおさまり、どうにか九俵の年貢が納められました。

この時から周囲の人の、無農薬に対する非難は聞かれなくなりました。

ただ一人、無消毒で田を作るような怠け者は田を返せと地主から言われ、困ったという変な話があった以外は成功でした。

普通考えられるほど消毒は必要でもなく、効果のあるものでもありません。

今、農薬の中で一番廃止しにくいのは、むしろ除草剤でしょう。

百姓は昔から雑草との闘いといわれたくらい、雑草になやまされてきました。田を鋤くのも、中耕も、田に水を張るのも、だいたい田植えすること自体が、その主な目的は除草対策だったのです。

毎日除草機を押して、何十キロも歩かねばならなかったのが、除草剤を数回散布するだけで片がつくようになったのですから、この薬が農家の福音として、歓迎されたのは当然です。しかし、この薬が人間や田畑の生物にどんな深刻な影響を与えてきたかは、ご存知のとおりです。

私は雑草対策の手がかりを、わらと、草につかみました。

わら一本からの革命、クローバー革命というのは、雑草対策から出発するともいえます。緑肥田に生わらと鶏糞をまいて湛水すると、酸酵現象がおこり、若い雑草を枯らし、夏草の発生をぴたりとおさえます。化学的除草剤にかわる自然化学的除草法になっているのです。

北の国で冬作をしない所などでは、秋クローバーを播いておけば、春には草丈二、三十センチに生育しています。このクローバーの中に種籾をばら播きしておいて湛水すれば、クローバーが腐って、その中から籾が芽を出します。これほど簡単な米作りはありますまい。

わらを利用した農法

このわらを振るという作業は、まったく何でもないことじゃないか、と思われることですが、このわら振りの作業が、私の米、麦作りのすべてに関連する基本の一つなんです。この生わらを散布するのは、地力対策、発芽対策、雑草・雀対策、保水対策と、あらゆることに関連していて、理論的にも実際的にも大変な問題なのです。これが皆さんには、なかなか理解していただけない。

わらは長いままで振る

播種機で五寸ぐらいの間隔で正確に種を播いてもらって、わらを振るという作業を上手にやってもらえさえすれば、五石ぐらいまでは保証できる、ということを私は話しておりましたが、それだけのことが、実際にはやっていただけない。

なぜ実行できないかというと、播種機が悪かったという問題がありますし、わらを振ると言いましても、わらを長いままで、まったく切らずに振る、ということを、なかなか納得していただけない。私は、わらを振れということを、十年も十五年も前から言っているわけですが、これをそのままやってみるという人がなかなか出ない。試験場あたりでもそうでした。

私が、長いわらを振るよう言いましても、そんなこと言ったってだめだということで、まあ試験として先ずわらをカッターで小さく切って振っている。そして、二、三年やってみると、小さくても長くても別にどうでもいいような気がしてきて、今度は三つぐらいに切って振れ、ということを言いだす。それで長いままのわらを振りだすまでには、どうしても十年かかる、わらを振るということだけでも。

わらは長いままでいいんだ、と鳥取農林の先生に言ったら、翌年やって来て失敗したと言われる。よく聞くと、振り方の説明が足りなかったので、帰ってわらをきれいに並べて、敷きわらふうにしいたというのです。こうしますと、種はそこからよう出てこない。麦わらでも、ていねいに並べてふったんでは、稲の芽はよう出ないんです。無茶苦茶がよい。

そしてまた、稲には必ず麦わらでなくちゃ芽が出ない。多量の稲わらを使ってみると、稲わらの間からは稲はよう出ない。また、病虫害にもやられ易い。

麦の場合は稲わらが非常にいいし、稲には麦わらでなくちゃならない。これも十分わかってもらえない。わらを長いままで、バラバラにふる。しかも、そこで前作に穫れたわらの全量をそっくり土に返してやる。

これが、口で言えば簡単なことですが、実行する段になると、勇気がいる。どういうわけか、従来の長い伝統的農法にとらわれて、それが完全には守られない。種を上手に播いてわらを振るという作業だけを、ほんとにやってもらおうと思いましたら、それだけをお話しするのに、私は、ここで一日かかるだろうと思うのです。本当に納得してもらうには。

わらは地力を培い、土を肥やす

それに、このわらを振るということが、地力を維持し、肥料はいらないほど土を肥やしていくことになる、その根源なんです。これが不耕起ということともむすびついているのです。

田を鋤かない、二十年も三十年も、日本中で一番早くから、長い間いっぺんも田を鋤いていないのは、うちの田圃だけです。五反歩全部まったく鋤いていない。

三十年間鋤いていなくて、その間に土がどう変化してきたか。普通の耕耘機で鋤いた土より深くなって、しかも腐植に富んだ黒い土になってきている。田が地力的に少しも衰えないで、ますます力がついてきている。

それがどういうところから来ているかといえば、土で栽培されたものを全量、土に返す。稲わら・麦わらの全量を、籾がらも全部土壌に還元する。持って出るものは、米の粒と麦の粒だけである。それ以外、土から生じたすべてのものを土に返す。こういうことを続けているから、肥沃な腐植土が出来るということなんです。

わら振りは発芽をよくする

それから、発芽についても、普通は種を播いたら土をかける、ということが原則になっているのです。ですが、あの小さな種ですから、やはり一センチ以上土をかけると、どうしても発芽は悪くなる。

苗代でも表面に近くある種ほど発芽率がいい。不耕起直播でも、やはり表面に播いた方が発芽がいい。ところが表面に播いたものは、どうしても倒伏しやすいから多収穫はむずかしい。多収穫をめざすには、どうしても二〜三センチの深さにはしておきたい。ところが二〜三センチの深さにして土をかけたら、雨が降ったら、必ず発芽障害をおこす。あるいは粘土質土壌だったら、発芽が悪くなる。

八郎潟あたりの干拓造成地、あるいは岡山の興除村あたりの土地で直播して土をかけたら、それは半分は失敗する。ある年はうまくいっても、五ヵ年の間に一年や二年は必ず大失敗することがある。

行ったことはありませんが、八郎潟のようなところで直播する場合に、大型の機械を持っていって、種が土にめりこむような播き方をしたら、当然それは発芽しない。空気に一番よくさらされるところが発芽率がいいわけです。

しかしそうかといって、浅く播けば倒伏する。深く播けば種が腐る。そういうことで、ずいぶん失敗もしたんですが、結局、深く播いて土をかけなければいい、ということになってきたわけです。

だから以前は、土に穴をあけるか、または播種機を使って三角に溝を掘り、その中に種を落とすが、土はかけない。その代りにわらを振るという方法をとってきた。

この頃は横着になり、播種機も使わず、粘土団子をばらまくだけですますようになりました。だから、わら振りは、地力を培うということのほかに、発芽をよくするという目的もある。

わら振りは雑草対策と雀対策に役立つ

そしてもう一つは、雑草対策に役立っている。理想的にいいますと、十アール当たり麦わらは四百キログラム以上出来ますから、その麦わらを全量田に返す。そうしますと、土の表面を一応は覆ってしまって、八十%くらい遮蔽ができる。こうして、不耕起直播の場合に一番やっかいな、イネ科の雑草のメヒジワ等は、八十%の遮蔽でよう発芽しないから、草が出てこない。だから、わらの全量還元は雑草対策に大きな役割を果たしているんです。

なおついでに申しますと、わらは発芽対策、地力保持対策といまの雑草対策のほかに、もう一つ雀対策になります。この雀というやつには随分泣かされました。夫婦げんかにまでなって、いまだに仲が解けないほど、女房から怨まれ、子供からも怨まれておるのも、もとはと言えば、この雀にあったんです。雀なんかに対策の立たない直播栽培というものは成り立たない。皆さんだったら、おやりになってるところもあるかと思いますから、おわかりでしょうが、一年二年は普及するかも知らんが、五年も十年もは続かない。なぜかと言うと、この雀対策に失敗したら、発芽がむらになってしまう。百姓は嫌がってやめてしまう。

ここらあたりが、直播栽培の普及がおそい原因になっている場合も非常に多いことはおわかりでしょう。その対策に、網を張るとか農薬を使うとか、いろいろあるが、現在確実で実用的価値のあるものはほとんどない、と私は思っています。結局、私は麦わらを振るのが一番いい、と思っているわけです。

とにかく、わらを振るということ一つとってみても、理屈から言えば、いろいろなことが言えることになるわけです。

ともかく結論として言うべきことは、ただ種を播いてわらを振るということだけで、大体いいということになる。

堆肥は〝造る〟必要ない

増産技術は、いままでの農業技術のなかには一つもないと言ったらびっくりするでしょう。増産技術ではなく、減産防止技術でしかなかった、と私は言っているのです。

初めに堆肥増産ということが言われた。そのために百姓がひどい難儀をした。そう言ったら失礼かも知れませんけど、皆さんもそのお先棒をかつがせられた。堆肥増産運動を奨励して、百姓に暑い時、重い糞尿を担がせ、水をかけ石灰窒素をかけた麦わらを積ませたり、促成堆肥造りの講習をやったことがあると思います。そして〝増産〟するんだと言っていたんです。

堆肥なんか作る必要はない。私は堆肥はいらんとは言わんが、堆肥なんか一生懸命造ることはない。わらを春と秋に振ってさえおけば、秋までに、また次の春までに地上で完全に堆肥になってしまうもんだからです。

ほっとけばいいものを、わらを堆肥にして、それが効果があるというものだから、百姓は汗水たらして、わらを刻んで、水をかけたりして重くして、四百キログラムのわらを八百キログラムの重さにして、持っていって積み上げたり、田圃へ運んだりさせられた。そんなことばかりして苦労させられたんです。


わらを田圃へ振っておきさえすればよかったのに、それをやらない。

私がわらを振れと言いだすようになってから、東海道を通って見てみますと、少しずつわらの刻み方が粗雑になってきています。やれやれと胸をなでおろすわけです。

でも、現在技術者はまだ何百キログラムまでのわらを振れと言っている。あれが、どうしてわらは全部田圃へやれと言えないのか。それを技術者に実験してみて欲しいのだが、なかなかやってみてくれない。やっぱり十アールに対して、昔は、堆肥を千キロ程やれといったことを逆算して、三百～五百キロのわらを入れたらいい、それ以上振ったら、異常還元をおこすからだめだ、などと言う。六百キロが限度で、それ以上、全量など入れたらいかんと言うから、汽車の窓から見られるように、百姓はわらをたくさん放っている。そのわらの半分ばかりを刻んで振りかけて、雨が振るからやめてほっとく。わらを振っているところも、振らないところもある。そのわらも、長いもの短いものさまざまといった様子が、東海道どこでも見られる。それが少しずつ変わって、今年あたりになると、長いのを振っているのが、たいへん増えている。これを、かつて堆肥化運動をやられたように、皆さんが熱心に、わらを振れとすすめられたら、その運動だけで、たいへんな量の堆肥を入れたことになるんです。

有機農業の人達は、いろいろと工夫をして堆肥を作れとおっしゃっている。私は、堆肥は結構だが、かつての堆肥造り運動は反対です。百姓にまた苦労をかける。それよりも、堆肥を造らないでも、肥料をやったと同じ効力を与える楽なわら振りや、チップ屑振りなどをやらせてもらいたいと言っているのです。

理想の稲作り

稲ではなく米を作る

自分は何もしないように、しないようにと考えて、絶対必要なこと以外は、作業を省略することばかり研究してきた、と言いましたが、管理面でもやることを少なくしてきました。

水管理なども、稲作りの半分はほとんど何もしない。前半はいわゆる畑状態でおく。六、七月中は放っておくわけです。八月になって、ぼつぼつ水を溜める。

八月の初めの頃、隣の稲はこんなに大きくなっているのに、うちのはまだ、こんなに小さい稲でいるということがあります。七月の末の頃にうちに来られる人は、「これで米が穫れるのか」と心配します。

農事試験場長が昭和三十五年頃に来られて、「福岡さん、これで稲になるのか」と心配された。

その時私は、「稲にはならないが、米にはなるからご安心ください」と言ったもんです。

七月末の頃ですと、稲の背丈は非常に小さく、まず普通のものの半分である。しかしその頃でも、すでに茎数は一平方メートルに三百本以上になっている。それはまあ、作るのじゃなくて、種をすこし多めに落としておりますから、三百本ぐらいの茎を作るのは容易なんです。

初めから作っておいて、分蘖《ぶんけつ》させようとしない。自分の米の作り方は、稲を育てよう、ふとらせよう、大きな穂をつけさせようとするんじゃなくて、できるだけ圧縮して、小さな稲におさえて、ふとらせまい、ふとらせまいとして考えてきた作り方で、多収穫ができるんです。

そして、水管理も、極力それに対応するように研究した。一番手っとり早い方法は、水を使わないで、稲の生育を抑えるということです。現在では、断水栽培ということが試みられているようですが、この断水栽培をさらに徹底したようなやり方になっているわけです。そうしたら稲丈が五、六十センチぐらいにしかならない。

この方法だと、普通の品種で四、五百本の茎を作っても、受光の態勢が崩れない。日光は下まで、ある程度入る。

そういう格好で、しかも一穂百粒（新品稲では二百粒）ぐらいの籾が、だいたいつけられる。計算していただいてもおわかりのように、それが十俵どり以上の収量になってくる。

とにかく、米でも麦でも、結局、たくさんの茎数を作っておいて、それをふとらせないようにしてやれば、わけなく実は多くとれる。一粒の米を作るのには、一平方センチの葉さえあればいい。小さい葉が三枚ぐらいついているか、四枚ほど生きていれば、百粒の米を作るのには十二分なんです。

普通は、一メートルぐらいの稲丈にして、大きなわらを作っているから、同化作用の能力は非常にいいように見えるが、効率は悪くて、わらばっかりふとっている。澱粉の生産量は多いが、自分の体を養うための、自家消費の澱粉量が多いために、差引勘定して残る貯蔵澱粉の割合は少ない。だから普通のわらでしたら、わらを千キログラム作ったら、うちの近辺の田では、せいぜい五百〜六百キログラムぐらいまでの、すなわち十俵ぐらいまでの米しか出来ない。ところが、私のように小さい稲を作ってみますと、わら一千キログラム作ったら、一千キログラムの米になる。うまくいった場合には一千二百キログラムぐらいとれ、わらよりも二割ぐらい上回った米になる。少なくともわらは、実と同じ重量か、それ以下にしなければならない。

理想型の稲とは

理想の稲は、どんな格好をしているか。私がこれまで細かい技術をとやかく言ってきたのは、結局、私は、稲の理想型というのをお話ししたかったからなんです。どういうものが理想型なのか。この形をつかむことが一番近道なのであって、細かい技術なんかいらない。

この理想型の稲とは、どういうものかということを、『現代農業』あたりに、昭和四十年頃でしたか書いたと思うんですが、それを一目見てこういう格好だと、写真にとって見せるようにするために、やっぱり十年もかかっている、ということです。

しかし、その格好さえ正確につかんだら、目標は決まってしまう。

理想型のイネ
（穂重型品種 250粒）
草丈70〜80㎝

理想型のイネ
（中間型 200粒）
草丈80〜90㎝

普通型のイネ
（穂数型品種 100粒）
草丈90〜120㎝

この実物を手にして、稲はこんな格好に作りなさい、と言えば、その一株を見て、百姓だったらすぐわかる。

こんなのが本当の稲だったのか、理想の型だったのか、これを作るんだったら水をやったら出来ないとか、肥料をやった稲じゃないな、いつ頃なにをやったんだろう、ということが、一本の茎を見て、百姓だったら誰でもわかる筈です。

ここにおいでの方々にも、当然わかる。そして、その格好が一番問題であって、それが結論として最初にわかっておりさえすればいい。その目標の稲型を、それぞれの地帯で、どうして作るかを、考えていけばいいんです。

その他のことを、技術者たちが苦労して、実験したり研究追跡したりする必要はなにもなかったのだ、という感じが、いまになってするわけです。

また、稲は葉先から四番目の葉が最も長いのがよいという稲作の権威者松島先生の説に対して、私は三番目でよい、二番目の葉身が最長のもよい。稲の幼齢期に抑圧した作り方をしておれば、晩期追肥で、あと出来させて、止葉や、第二葉が最長になった方が多収になることもあると申したのです。

私が実物の稲株をお見せしたら、一穂に百三十〜百四十五粒が結構ついていて、先生も、さすがに実物には勝てないと笑っておられた。

こんなことを言うのは、科学的真理や理論は実験した条件次第で変わるということです。先生は、水苗代の軟弱な苗を田植えした稲での理論であり、私は直播で、水を入れない作り方をしたから、結論が逆になったにすぎません。

私が稲の草丈は六十センチでよいと言ったからとて、六十センチでなけりゃならんというわけではありません。太くても長い品種でも多収ができ、密植でも疎植でも多収穫はできます。

要するに理想の稲作りというのは、早く太らすのでなく、できるだけ抑制し、圧縮した稲を作るよう心掛ければよいというだけです。正月前に籾を播いて、気長に長い月日をかけ、肥料をやらず、水をかけず、ぼつぼつ成長するのをまつようになったのもそれです。

この数年、新しい品種を使って、正月前に、十五〜三十センチ角に、一粒播きをして育ててみました。一株が十二〜二十五本平均になり、一穂に二百五十粒平均ついていました。これは換算すると、十アール一トン以上という驚異的数字になります。これは田にあたる太陽のエネルギーから算出される、理論的な最高収量（十アール二十五俵・一千五百キログラム）に迫るものといえます。

田を鋤かず、麦と籾を同時に混播して、化学肥料も農薬もやらない自然農法で、一粒播きの自然型の稲作をすれば、科学農法でも手のとどかぬ多収穫ができることを確かめることができたわけです。

広い面積でも、自然農法で八〜十俵どりが米麦ともに現実のものになっているのです。

しかし技術者の目からみれば、これは偶発的な一時的な結果ではないかと、疑えば疑えます。もっと長く続けていたらどうなるか、やっぱり田がやせるのではないか、どこかに欠点が出るのではないか、と。

しかし自然農法は、いつでも科学の批判に耐えられる理論をもっています。そればかりか自然農法は、科学を根本的に批判し、指導する哲学をもっているから、科学農法にいつも先行するものだと断言しておきます。

だが、その哲理については『無』という私の著書にゆずり、ここでは割愛しておきましょう。この頃では、諸外国の人々が、〝無〟の思想と、この自然農法を素直に受け入れて、一歩先に実践しています。

ミカン作りの実際

無剪定、無肥料、無農薬

私は、ミカン類を主体にした果樹栽培もやっております。終戦直後、七十アールのミカンと十五アールの田圃から出発したのでしたが、今では果樹園は五ヘクタールにもなっていましょうか。別に規模拡大に努めたわけではないのですが、全く省力的な開園と、周囲の放棄園を引きうけたので、広い面積になりました。

新しい園はどのようにして開園したかというと、雑木や松山を伐採した跡は開墾はしないで、苗木を植える植穴だけを掘って、ミカン苗を等高線になるよう植えました。数ヵ年は雑木の切り株から雑木が生え、ミカン苗なんかは全く見えず、ただ植樹した山林の下刈りをするような方法で、下草を刈り倒すばかりでした。そのうち次第に雑木が減り、ススキや、チガヤ、ワラビ等が茂るようになりました。その頃からクローバー等を播いて、緑肥草生にするよう努めました。

六〜七年でミカンがやっと成り始めたので、ミカンの木の背後の土を削り崩して、階段にしました。今では普通の園と全く変わらない状態です。

もちろん一年中、耕すことは無く、化学肥料は施さず、無剪定で、無消毒を原則としてきました。面白いことには、最初雑木の中で育っていた苗木時代にはヤノネなどの害虫もつかなかったのに、園が整頓されるにつれ、害虫が出るようになりました。これは木が大きくなり放任で枝が混乱したのが原因だと気付き、自然型に近づけるような整枝だけには注意しています。

農大出の息子に新園の経営をまかせた当時、息子は一時、化学肥料も農薬も使いましたが、次第に鶏糞や厩肥主体の施肥法、農薬もマシン油と硫黄合剤ぐらいの無公害薬品の散布にとどめるようになってきました。

天敵は殺してはならない

ミカンの場合にも、病虫害防除をしないで、どうして虫が発生しないのか、という疑問がおありと思います。

ルビーロウ虫やツノロウ虫は、今では天敵が発生するから農薬散布しなくてもいいんだ、ということはおわかりだろうと思います。

一時フッソールなんか使って、かえってルビーロウ虫やツノロウ虫などが激発して随分苦労された経験は、どこの県にもあるだろうと思います。これで天敵を殺すから、かえって害虫が多くなってよくない、ということはおわかりになったはずです。

それでは、薬剤を全然かけなかったらどうなるか。

ダニくらいは発生するだろうと思う方が多いと思いますが、ダニやカイガラ虫対策だったら、私はやっぱり硫黄合剤とマシン油乳剤ぐらいが比較的無難だ、昔からのオーソドックスな薬で十分だと思います。

なんといっても、天敵がおる関係か、事実上ほとんど発生しない。たとえ発生しても、真夏に一回、二百～四百倍以上の薄いマシン油乳剤をかけたら、それで結構すんでしまう。

その前に六～七月に一度でも有機燐剤など使ったら、その場合はもうだめなんです。天敵が死ぬから、二回三回とたて続けに散布しなければ、だめになってしまう。

我慢して一年放っといたら、翌年には差し支えないようになる。

この程度の薬は、消費者が外観のよい果物を欲しがる間、止むを得ない処置だと思います。しかしこれ以外の農薬は無くても大丈夫です。

一般にも一応、一昔前の農薬にかえるよう奨めます。公害問題を片づけるためには、さらに最小限の農薬に止めるべきだと思います。勿論消費者が外観を気にしなければ無農薬にもできます。全く無農薬でも樹を枯らすことはありません。自然型にすることと環境や微量気象に気をつけることです。

常緑果樹と落葉果樹を混植し、下草として緑肥や多くの野草化した野菜を作っておくと、害虫の実害は天敵の関係でなくなってきます。

天敵保護の面で面白いことがあります。私は土壌改良をするため、園内にモリシマアカシヤ等の樹木を植えましたが、この木は年中休みなく成長し、新芽を出します。そのためアリマキがつき、このアリマキを食べて、益虫のテントウ虫が繁殖します。このテントウ虫がアリマキを食いつくすと、ミカンの木に降りて、ヤノネカイガラ虫やイセリヤカイガラ虫を食い、また花粉を食べる益虫のダニがいて害虫のダニを食ってくれます。そのためアカシヤの木の近くのミカンは消毒しなくてよいのです。天敵保護樹といえましょう。

十年ほど前でしたか、有機農法の本場、フランスから来たグンドさんはこの木をみて、これこそマザー・ツリー（母の木）だと感激しておられました。このモリシマアカシヤは、樹皮からタンニンがとれ、木材は堅く、花は蜂蜜の源になり、葉は飼料になり、根には根瘤菌があって肥料木になり、防風、防虫木になります。韓国の農林省の高官も「この木で韓国のはげ山全部を緑に変えよう」と大はりきりでした。たしかにこの木は救国樹になるでしょう。

樹型は自然型がもっともいい

無剪定、無肥料、無農薬でやれる根拠はどこにあるかというと、自然型にした場合にのみこれは可能なんです。そうでないとできません。果樹園の場合には、一年生の草の場合とちがうんです。草のようなものは、今年限りで薬剤散布をやめて、来年から放っておいても、なんとか病虫害の発生は防げますが、多年生の果樹ではそうはいかない。

果樹ではその樹型が自然型になっていなければならない。自然型というのは、私は、一本仕立ての主幹型をさしています。

私は、初めに親父からもらった四百本のミカン全部を実験して大かた枯らしてしまったんです。自然型とは何ぞやを追究するために、放任状態にし、何も手を入れずにおいて、結局枯らしてしまった。五反歩四百本のミカンの樹を、ほとんど枯らしてしまった。

木を自然に放任しておいて、研究していった。そしてわかってみたら、なんのことはない。自然型なんて主幹型のことじゃないか、ということになってしまった。

この主幹型は、杉の木なんかのように、根から一本仕立てになっているものです。どういうミカンでも、全部がこうなるかというと、必ずしもそうじゃない。八朔《はっさく》やブンタンのようなものは丈が非常に高くなる。温州になると低くなって幅が広くなる。早生温州ミカンなんかは、もっと小さくなる。

枝は交互に出る。これで自然に放っておくのが一番いい。隔年結果にもならないし、無剪定にもしておける。無剪定にするのはこの自然型が一番いいし、病虫害の発生も少ない。苗の枝先をちょ

自然農園のみかん山

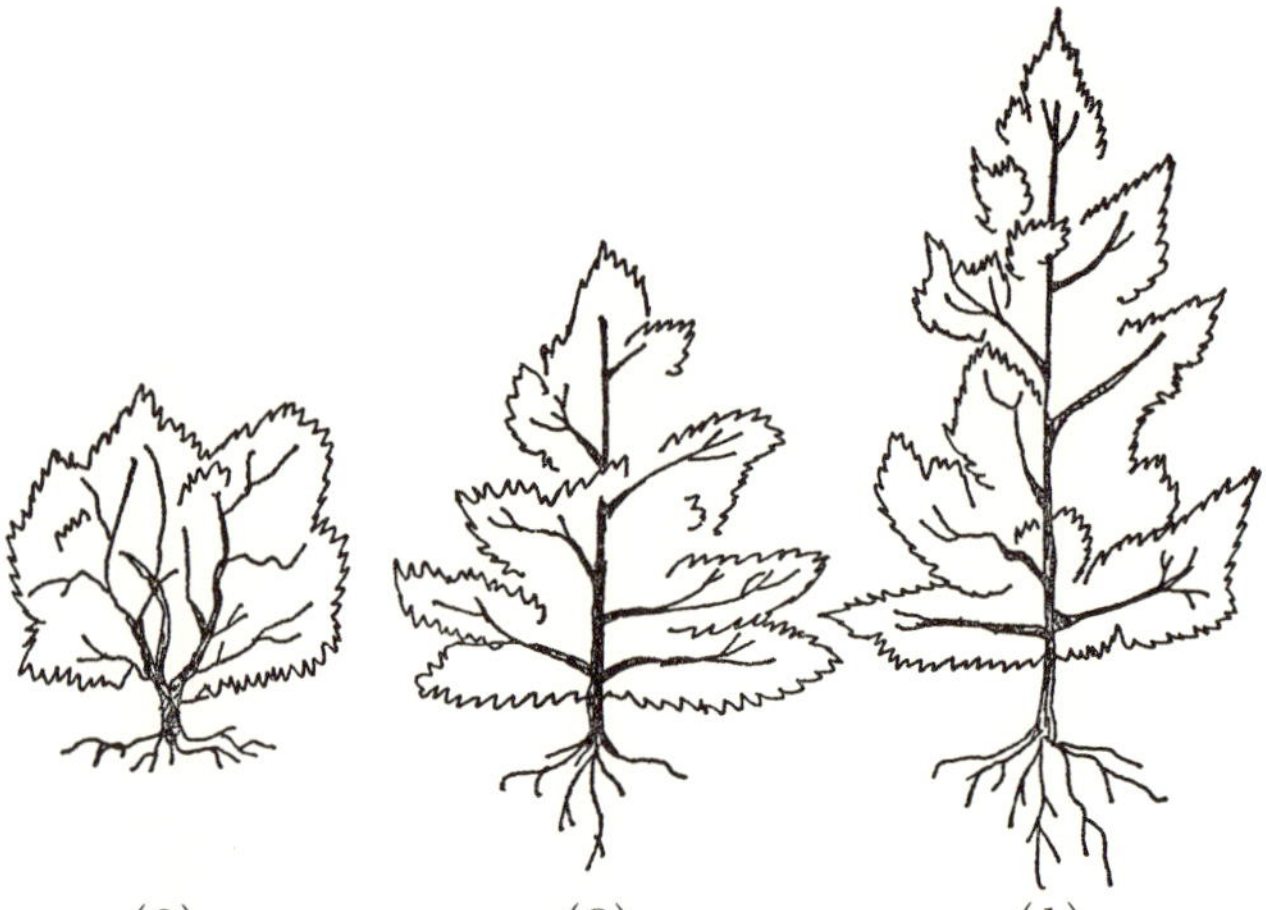

(3)　(2)　(1)

放任型　自然型

っと切っただけでも、自然型ではなくなってしまう。初めからそっくり育っているものでなくてはならないのです。

これまでの本に書いてある半円型になっているものは、自然型じゃなくて放任型なんです。人間が前に何か悪いことをして、その後に放っておくことを言うんです。自然というのは、生まれながらのまま、裸のままのものが、そっくりそのまま健全に育った場合にのみ、自然型になる。

私は〝自然農法〟なんて言っていますけど、〝自然〟とは何ぞやということが言えるかと言えば、一向に説明できないんです。ただ、果樹の樹型で、ひと言いうことができる。稲についてひと言いえただけです。私は皆さんに何も長々と報告することはない。稲の格好はこれが自然型、ミカンの木はこれが自然の型だ、と言ったら、それでおしまいです。図を一枚かいたら終わりなんです。

この放任型と自然型のことで付け加えさせてもらいます。

いまの農業技術は、結局この放任と自然の混同から出発しているんです。

松の木は、真直ぐが自然か、曲がっているのが自然かと言ったら、おそらくほとんどの人が即答できないでしょう。真直ぐの方が、いや、どちらも自然だなどという考えは間違いです。どちらも自然ではないと言えば禅問答ですが、この意味がわかるまでは、本当の自然型がつかめているとは言えません。

果樹園の土壌管理

勿論果樹作りの基本は、土地造りにあり、いくら樹を肥料で太らしても、年々土がやせていたのでは、果樹の一代がたってみると、収支はプラスマイナス、ゼロとなっていて、働き損のくたびれもうけになるものです。私は八ヵ年清耕農法や安易な科学農法をやった園は致命的打撃を受けていると見ています。

私がどのようにして、古い園の若返りを計ったか話しておきましょう。

終戦後ミカン山でも、深耕するとか、穴を掘ってなにかを埋めるということを、愛媛県の試験場あたりでも随分すすめた。そこで壕を掘って入れるのは、どのくらい労力がかかるかを私も実践してみた。初め、わらを入れたり、山からしだを刈って入れたりした。しだが一番やさしいと思ったが、しだが一番労力がかかる。あんなもの五十キロも持って帰ろうと思ったら、私らのように小さい者が、山のような荷をかついで帰らなきゃならん。

それやって、二、三年して、どのくらい黒土ができたかというと、両手でにぎれるほどの黒土もできやしない。壕掘って入れてみると、後でこんな大きな深い落とし穴になって、女房なんか山へいっても、危なくて歩けんと悲鳴をあげるようなかっこうになっている。

それで次には、木材を入れたんです。雑木をどんどん放り込んだ。計算してみると、肥料入れるくらいなら、雑木の割り木を入れる方が得だ。わらを入れる方が楽なようだが、わらを入れるよりも木材入れる方が安上がりだ。土の出来る量からみても。

木材も周囲に伐る木があるうちはいいんだが、周囲に木のないものはできん。外から持ってくるよりも、そこで作った方がいい。

私はモリシマアカシヤをミカン山に植えたんです。いろんな木をミカン山に植えてみまして、最後に残ったのはモリシマアカシヤです。寒いところはフサアカシヤがよいでしょう。

フサアカシヤやモリシマアカシヤは四年もすると天井ぐらいの高さになる。八年しましたらだいたい電信柱ぐらいになる。日本にある外来樹で、これほど成長率の高いものはない。七年も過ぎれば、よう伐らんようになる。よう伐らんようになったから根元の皮をはいで枯らした。こんなのが、うちのミカン山には、にょきにょき立っている。一反に五〜六本から十本ぐらい植えておいたら、それによって深層の土地改良ができる。

初めはクローバー草生をすすめてみたんです。クローバー草生をやったために、表面に三、四十センチの黒土ができたが、それ以下の土の改良はどうしてもできない。ざん壕掘って何やら入れてやっても、そんなことは徒労にすぎない。無駄なことだ。

こんなことはやらないで、寝て暮す法はなかろうかと思って、樹を植えることを思いついたわけです。樹木が一番いいが、伐り倒すのがやっかいだ。もっと寝てられるいい方法はないかと探したのが、ルーサンだった。

ルーサンだと、一ヵ月から二ヵ月で根が深くつく。一メートルから二メートルまでルーサンの根が深く入って土壌改良に役立ってくれます。

それで、クローバーとルーサンとを交ぜ播きして、草生栽培するのが、果樹園の土壌管理では一番いいやり方である。寝ておって土地を肥やす方法になる。楽で効率のいい方法にたどりついたわけです。

ところが、モリシマには前述のような防風、防虫という役目もある。やっぱり高い樹木があり、ミカンがあり、その下草にルーサンやクローバーがあるのが一番よいのです。

肥料も少なくてよく、中耕除草の必要性は全くありません。

クローバーを一度播いておけば、七～八年は雑草が全くなくなります。クローバーが弱って、雑草が再び生えだしたら、新しい種か野菜まぜ播きをします。

結局自然農法の果樹園は、ブドウの蔓がからんだ肥料木《アカシヤ》がニョキニョキ立ち、果樹の下には緑肥や雑草の中に野草化栽培の野菜が茂り、鶏が遊ぶというような、全く立体的な農園になるわけです。

科学技術の意味と価値

技術がどうして発生したか

稲作には田圃を鋤かなければならない、深耕するほど米がよく出来る、こういう技術がどうして発生したか。それは、鋤かなければならないような状態に田圃をしてしまった、ということの結果なんです。土を鋤いて水を入れて練って、壁土を練るようにして空気を追い出してしまい、バクテリアも殺してしまうようにした。土を死滅状態にして、そこへもってきて、肥料を入れる試験をしてみたら、無肥料と比べて、肥料を入れた方が稲が太ったから、肥料入れると米はよくできる、という結論になった。

自然の土というのは、放っておいたら自然に肥えてきて肥料なんか入れなくてもいいようになっているんです。それを人間がいためつけて、力をなくしてしまっておいて、そこを出発点とするから、肥料の効果が出ているように思われるにすぎないのです。

軟弱な果樹を作るから、軟弱徒長な水稲を作るから、農薬散布したら効果が上がった、というにすぎない。

放っておくより、人間が手を加えた方がいいようにみえるが、それは自然の力が足りずに、人間が助けることができたんじゃない。放任状態じゃうまくいかんということです。すでに人間が自然に悪い働きかけをしている。品種改良して、軟弱な品種にしたり、〝うまい米運動〟とか言って、弱い品種を作ったから、百姓が八回も十回も薬剤散布しなきゃならんようになってしまっている。

すべて試験成績が上がるということは、人間がそのまえに、それに適するような条件をそろえておいて試験をするからです。

利口な学者とか、成績を上げた研究者というのは、そういう成績が出るような試験の仕方をするのが上手な人なんです。農薬の方でも肥料の方でもみなそうなんです。除草剤についても、草が生えるような状態にしておいて草を生やし、これに薬剤を使えるような条件に仕立てておいて、除草剤使った、効果があった、ということです。そもそも草が生えないような状態にしておけば、草は生えやしないんです。

私が果樹山のクローバーの草生栽培を提唱しだしたころ、農業祭の行事として、農林省で草生栽培の研究会があって呼び出された。日本で草生栽培がぼつぼつ言われ始めたごく初期のころです。

その時の司会者がアメリカから帰った直後の方で、アメリカには果樹園の草生栽培は少ない、と頭から草生栽培には乗り気じゃなかった。まして草の種類をしぼるところまではいかなかったが、このときにも私はこう言ったんです。草生栽培するんだったら、あれがいいこれもいい、なんて言われるんだったら、できやしない。あれでもいい、これでもいいなんて言うんではだめだ。それぞれ物にはすべて長短損失がある。これらを全部充分比較してみて、結論が出たら、その結論には責任もって、クローバーならクローバーと、あるいはうまごやしだと定めて、農林省が下に流してくるんだったら百姓はやるかもしれない。草生栽培の材草は、やっぱりイネ科がいいんだとか、アブラナ科がいいんだとかいう言い方をしたんじゃあ、百姓はまずやりませんぞ、と。

やりたくても、怖《こわ》くてやれないんです。初めから十分な結論がわかっていないので、十の種類を、十の手段を百姓に押しつけたんでは、その中の九つまでは失敗する危険があることを意味しているんです。あるいは十年目に成功するかも知らんが、九年は失敗するかも知れないということです。だから百姓は危ながってやらない。

新しい技術になぜ飛びつかんかというと、総合した完全な技術になっていないからです。部分的な技術にしかなっていないからです。草生も肥料の試験官だけがテストして、肥料的効果しか見ない。病虫害の専門家は、そんな草を生やしたら虫が増えるだろうと言い、虫や病気がなくなることだけ考えている。みんながバラバラに言っているので、どの人もウソを言っているんじゃないが、寄せ集めてみるとウソになってしまう。

試験の仕方が問題

私が高知の試験場にいたときもそうでした。戦時中ですから、とにかく多収穫をねらう。多収穫をやるには、どういう技術をもち寄ったらいいか、という試験設計をつくる場合に、肥料部は最大に肥料をやっていくという設計を、病虫害対策には最高の農薬量使用の設計を、それぞれ最もぜいたくに投入する方法でやるわけです。そうしたら、肥料の方で二割ぐらい増収になる。病虫害防除で二割ぐらい、品種改良で二割いくら増収になるということになった。合わせてみると倍ぐらいの増収になることになるが、二十俵もの米が出来るかと思ったら、やってみるとやっぱり十俵足らずしか穫れないんです。

試験場の各部の人はそれぞれ一人もウソを言ってはいない。その正しいことを寄せ集めてみて結果がウソになっているのはなぜか。

病虫害の防除も、防除したのが防除になっていない。試験室や試験圃場の小さな面積では正しいように見えても、実際の圃場にもっていってみたら、違う結果になる。これは試験の仕方が悪かったんだ、というほかない。

ここに、ある農業試験場の薬剤散布の試験をしなくてもいい、という試験成績がありますが、皆さんごらんになってどうお考えになりますか。

私はこうみます。肥料を少なくして薬剤散布の試験をしていて、収量が低い。そこに大きな致命傷がある。肥料の量を少なくすれば病虫害は当然少ない。水のことをどう考えているかというと、この人の場合は水の考慮は一つもない。肥料と農薬散布の関係だけしか見ていない。太陽の光がどのくらいであって、気温がどれくらい、病虫害がどれくらい、そこの土地の条件がどうなっているか、土壌はどうか、そういう条件を全部考えた試験が、試験場には一つもないんです。全国の試験場の成績を集めてみても、みんな小間切れの成績にしかすぎない。

百姓は一枚の一反歩の田であっても毎年新しい変わった気持で作れる。それはなぜかというと、その田が、まったく同じ条件、同じ気象のもとに作れることは一回もない、ということからくるんです。自然というものは、あらゆる条件が常に流転している。昨年の条件は今年にはあてはまらない。

こういうところで、部分的な試験成績は何にもならないんです。この成績だけをもって、薬剤散布しなくていい、と言ったら必ず失敗する地帯が出てくる。そしたら、そのときに言い訳するには、「あんたの所は品種が悪いのじゃないか。肥料を少なくしなかったから失敗したんじゃないか」といった材料はたくさんできている。逃げ口の用意のある試験をしている。

農業を支配する要因は無限

成績を発表するんだったら、肥料のことも病虫害のことも耕種のことも品種のことも、全部考えて試験した成績でなくちゃならない。ところが、そういう試験ができるかというと、これはまだできないんです。肥料と病虫害と耕種を組み合わせた試験をやっているようにみえるがそうじゃない。

この頃、米の多収穫について、多くの大学の先生方が本を書いておられます。それぞれ貴重な研究でありますが、しかしこれでもって多収穫ができるというわけにはゆかない。

というのは、同化作用のことを一生懸命研究しておられるある先生は、うちの田圃にもよく来て、学生をつれて来て射光度とかなんとか、日光のことなどよく調べている。しかしいつもよく言うんですが、「先生、帰って不耕起直播やられますか」と言うと、「いや、それはやらない。それは福岡さんにまかせておくのだ」と言う。「ぼくは同化作用の研究をするんだ」と。

なるほど、同化作用の研究をして、一冊の本を書いて博士になった。その同化作用の理論が直接多収穫に結びつくかというと、そうはいかない。温度が三十度のときに同化作用がどうなる、上の葉っぱの生産力がどうなる、なんてことを言っても、愛媛県で今年三十度になっていても、その次の年には二十四度にしかならんかも知れんし、平均気温がそれ以下の所もあるかも知れない。そうすると全部がくるってしまう。同化作用を促進したら、澱粉の合成量が多くなるから、多収穫になるはずだ、というのは間違いなんです。他の条件が変わったら、むしろ温度が低い方がいい場合もある。

稲の適温は、三十度やら二十度やら十五度やら本当は決められない。品種が変わっただけでも温度はちがうんです。この人が、こういう品種を作ったから、こういう温度関係が出たが、東北の人が、別の品種を使えば、もっと低い温度でも合成能力がもっと出るかも知れない。そういう差は当然あるんです。だから、ある時ある所でやった試験成績には、一向に普遍性がない。

その年の米の収量を予察する農林統計調査事務所の見通しなんかみると、今年は分蘗《ぶんけつ》数がいくらだから米がよくできる、なんて言うが、それが当たったためしはない。なぜかというと、分蘗が多かったから米が多くとれるんでもなく、粒数が多いから、草丈が長いから、米がたくさんとれるんでもない。ほとんど稔る時の秋日和で決まってしまうんです。第一回の調査時の稲の茎や葉は、稲刈りのときには、下葉になって枯れてしまっているのです。幽霊の稲を調べて予想を立てているわけです。といって、稔る時だけよくしたらいいのかというと、そうでもない。もっと根本的な条件が収量を支配するんです。その要因は実は無限大にある。その無限大のものの中のごく一部分を、人間の小知恵で組み合わせて、試験して小さくまとめて成績を上げたと発表する。

ところがこれを百姓のところへ持っていって実地に適用できると思ったら大間違いなんです。

とにかく私は、従来の農業技術を根本的に否定するところから出発しております。これは、私が、科学技術というものをも、完全に否定しているということです。この科学技術の否定というのはどこからきているかというと、今日の科学を支える西洋の哲学の否定にもとづいているわけです。

第三章　汚染時代への回答——この道しかない

食品公害問題はなぜ片づかないのか

食品公害問題が世間的に大きくなったのは、十年前ぐらいからだったでしょうか。

いつか神戸で、公害問題を論ずる会がありました。それは、農協の経営研究所の一楽照雄氏が主催している有機農業研究会と灘生協との共同主催の会でした。出席されている講師というのは、農林省の人、水産庁の役人、あるいは、長野県北佐久郡の若月俊一先生、それから、この頃、有吉佐和子さんの小説『複合汚染』に出てくる梁瀬義亮氏、こういう先生たちでした。

場所は、神戸の灘生活協同組合の本部でした。参加者は、そこの生協の人たちが主でしたが、まあ、ご承知のように、灘の生活協同組合というのは、日本でも一番大きい生活協同組合で、何十万とかいう会員をもってるところの団体です。

この会合で、食品公害の問題がさかんに論ぜられたのでありますが、その時、実はちょうどその同じ日に、神戸の六甲山の上で、元神戸大学の森信三先生主催の教育者の会、全国の教員の方が集まった研究会があったわけです。私はそちらに参加しておりまして、暇をみては、下の会にも行ったり、上の会にも行ったりで、物心両面で考えさせられる一日でありました。

下では食品公害の問題がさかんに論ぜられ、上では日本の現状を憂える教育者の会があったわけなんですが、とにかく、この下の、灘生活協同組合で行われた会の展開状況をちょっと話してみますと、確かに食品公害をPRすることにおいては非常に役立ったといえば役立ったんですが、結果的には、一つの、食品公害の恐ろしさを論じたにすぎなくて、対策というのは、とうとう出ずにすんでしまった、というのが実状だと思います。

たとえば、こういう話があります。当時、マグロの水銀中毒が論ぜられていた時でありましたけれども、水産庁の役人が、マグロの水銀がいかに恐ろしいかということを、最初さかんに話されました。その恐ろしさというものは、新聞やラジオでも一般の方々は聞いておられるので、熱心に耳を傾けていたのであります。

しかし、いよいよ話がすすんできましてですね、どういう話になってきたかと言いますと、しまいには、この水産庁のお役人はこういうことを言いだしたんです。実は、南氷洋あるいは南極でとれたマグロの中にも、非常に水銀が多かった、と。あるいは、何百年前にとれたマグロの標本が大学の中にある、そのマグロの標本を、腹を割って分析してみると、その中にも実は、ないと思った水銀がある。瀬戸内海の魚にも、この水銀が何PPMあるということで、そういうふうにして調べてみると、マグロというのは、どうも、水銀が非常に多量に含まれており、ひょっとすると、マグロという魚は、たくさんの水銀を食べていなければ、からだの中に水銀がなければ、生きていけないというか、それを本来は必要とする生き物かもしれん、というようなことに、話がなってきたわけです。

聞いていた灘生協のご婦人たちはみな、ぽかーんとしてしまったわけでして、何か、こう、わけがわからなくなってくる。

はじめは、マグロの水銀の恐ろしさを言ってるように思っていたら、しまいには、マグロには、水銀が必要なものだ、というようなことを言いはじめる。一事が万事でありまして、公害問題をPRする先生たちが、果たして、公害問題を本当に解決しようとしているのかどうか、ということがわからない。

実は、自分もそこで、いろんな野菜や米なんかの食品公害の実状を、芦屋のご婦人連中が、さかんに訴えられた、その切々たる話を聞いてですね、予期した以上に、公害の恐ろしさというものが浸透しているということがわかったわけですけれど、これに対する対策は、実は、今この時この場所で立つんだということを私は申し上げたんです。

というのは、ここには水産庁の役人もおられるし、実際、一楽天皇と言われて、農林省や農協を牛耳っておられた方もおられる。この人たちが本当に、公害の恐ろしさを知っており、その対策を立てようと思っているのなら、立てられるんだと。ところが実際は、どうも日本中の百姓で、本当に公害のない食品を作ろうという人が出ているかと言ったら、一人も出ていないと言ってもさしつかえないんじゃないか。公害の恐ろしさは、さかんにPRされたが、実際には、だれも具体的にこれに対決していないんだというのが実状じゃないか、と言いましたら、一楽会長に、福岡さんから、そういうことを言い出されては困る、と、ちょっとクギをさされたわけなんです。

実際を言うと、食品公害のPRだけが先行しておって、実状がそれに伴ってない。もしも、やる気だったら、対策はあるんだ、ということを自分は言いたかったんですね。実は、日本中で誰もやっていないが、全く無農薬の米も作れるんだ、全く無農薬のミカンも作れるんだと。野菜だって、できないことはないんだ、ということを、自分は確信をもって、ここで言うことができる、実は、今まで自分はやってきたんだと。しかし、それをとりあげて、やろうとする人がいない。

ここにおられる一楽さんが、やる気になって、全国の農民に、無農薬の米を作れ、という命令を出してくれませんか、と言いかけたのです。ところが、それをやるのには、非常な困難がある。どういう困難があるかというと、技術的な問題ではないんです。無農薬で、無肥料で、農機具を使わなくて、無公害の食品を作れと言えば、現在ではできないことではないのであるが、それをやったら一番最初に困るのは農協なんです。農協がまずつぶれてしまう。農協は肥料と農薬と農機具を売って、それによって繁栄しているんです。それで成り立っているところですから、一楽さんのところで、農協で、公害問題を片づける手段をとるということが口に言えないのが本当でしょう、と。そしたら一楽さんに「福岡さんから、そういうことを言われちゃ困る」と言って、口をふさがれたというようなわけなんですが、まあ、そういうことがありました。

街の中で、自然農法のことを話してみてもむだです。

海の汚染は化学肥料が原因だ

魚の汚染や、海の汚染の問題もですね、本当に水産庁の人が止めようとしておられるのかどうかと、私は責めているのではありません。その、汚染というような問題でも、食品公害の問題でもそうですが、それを解決するのには、お互いが相寄って相談して、あらゆる面が一ぺんに解決されなければいけないんだ。一部の人の提案や提唱で、片がつくのではない、全体的な問題だということを、自分は言いたかったのです。

たとえば、瀬戸内海の魚が汚染されてきておいしくなくなってしまったというのは事実です。瀬戸内海の魚ぐらい、おいしい小魚はなかったのが、現在では、太平洋岸の魚の方がもっとおいしいという。あるいは、汚染されてない魚はもうなくなってきたと言います。こういう問題でも、ただ、工場の廃液を止めればいいんだとか、あるいは、石油その他の油類で、瀬戸内海を汚染しなきゃいいんだと、こういうふうな考え方だけでは、瀬戸内海の汚染の問題は、片づかない。

こういうふうな問題を、解決するにはですね、あらゆる人々が一緒になってやらなけりゃいけない。あらゆる人々というのは、生産者も、消費者も、漁業に生きる人も、海の周辺に住む者も、すべての人の意識変革が根本的になされない限り、公害問題は止まらないんです。

みんなが、自分の考えが正しいと思っている。たとえば、百姓は、瀬戸内海とは何の関係もないと思っているし、水産庁の役人だけが、魚を守ってるんだと思っている。あるいは環境庁の役人だけがですね、海の汚染を考えて、その対策を立てようとしてると思っているところに問題があるんです。百姓は関係がない、どころじゃなくてですね、百姓が田圃や畑で使っている化学肥料、農薬、こういうものが、どういうふうに海の汚れと関係しているか。

まあ、簡単に言いますと、たとえば、この化学肥料の主成肥料である、硫安とか尿素とか、七十%までの濃硫酸、こういうふうな、リン酸肥料やなんかをさかんに使っていますけれど、これの、田畑に吸収されてしまう分量というのは、ごくわずかである。ほとんど大部分が谷川に流れ込み、谷川から川へ流れ、そして海に、つまり、瀬戸内海にそそいでいるわけです。

赤潮が発生して、魚が死んでしまう、というような問題でもですね、この赤潮の発生の最大の原因は、油とか、工場からの廃水、下水からの汚水だとしても、周辺の田畑から流されている化学肥料の栄養分――肥料というのは、魚にとっても、生物にとっても、一つの栄養分なんですが、――この栄養分が過大になって、赤潮が発生していることも確かです。ですから、赤潮の発生の最初の原因は、むしろ、百姓が責めを負うべきものかもしれないと考えられるんです。工場の廃液以上の汚染原因を出している百姓、この発生源となっている、化学肥料をつくっている工場、そして、そういうものを便利と信じ、そういう対策をかかげて技術指導をしているところの役所、こういう分野のすべての者が反省しなければですね、化学肥料を使うということも止まらないし、化学肥料をやるということが止められなければ、瀬戸内海の汚染は、根本的には解決しない。

結局、一部分の人がですね、たとえば、水島でひっくり返され流れ出た石油の汚染、あの事件で、漁民と石油会社との対立、抗争がありましたが、ああいう次元で瀬戸内海の汚染が論じられたり、あるいは、工場廃水というような問題でですね、どこかの大学の先生は、四国のどてっ腹に穴をあけて、太平洋の水を瀬戸内海に注入し、海流を流すことによって、瀬戸内海の汚染を浄化できるんじゃないかというような対策を立てたりする。そしてこんなことがさかんに、研究されはじめてみたりする。

ところが、こういうふうな次元では本当の解決にはならないんです。いわゆる汚染の根本原因というものは、人間のあらゆる行動、知恵から出発して、それが価値あることのように思っているところにあるんです。結局、その価値観という、人間の根本的な頭が改革されない限りは止まらない。まあ、何をやっても、やればやるほど悪くなるというのが実状だと思うんです。対策を立てれば立てるほど、かえって問題は、悪質化し、内攻していく。

今言った、四国の高知と西条とを結ぶ線あたりのところにパイプを埋めて、そして、太平洋から水をくみあげて、それを流しこむというようなことをすれば、なるほど、瀬戸内海の浄化はできましょうけれど、そのパイプを設置する鉄をつくる工場をつくる、その水をくみあげる電力をどうする。電力をつくるのには、また、電力が足りないから、原子力発電所をつくらなければいけない。原子力発電所をつくるのには、また、それだけの、コンクリートから資材から、すべてのものを、あるいはウランの濃縮工場をつくらなきゃならない。こういうことになってきてですね、結局その対策の、第二、第三の二次公害、三次公害、それが、さらに悪質化し、むつかしくなるのを広げていくということに、人間は、考え及ばなきゃならないと思います。

もちろん、目先のことだけで一つのものの判断をして、全体的な判断は、いつの場合にもとられているように見えて、実はほとんどとられていない、ということが科学者の頭にはわからない。どこまでも局部的な科学的な真理というか、判断、そういうものに立脚した対策しかとれない。そういうところに問題があると思うんです。ちょうど田圃で欲深な百姓が、水をどんどん、水口をあけて入れている。そうすると、田の畦に穴があいて、田の畦がくずれる。そうすると、田の穴を塞いだり、あるいは、田の畦を強くするために、補強するというようなことをする。ところが、そういう対策をとればとるほど、実をいうと、水かさが増してきて、危険な状態が、ますます深刻化していくということになります。同様に、科学の対策もとられればとられるほど、公害の禍根っていうものは深くなっていく。

自動車の排気ガスを規制する。あるいは、新しいエンジンを開発するというようなことは、きわめて公害に対して役立つように見えるけれど、実際は、それができたらですね、今まで八十キロで走っていた高速道路が、百キロ、あるいは百二十キロ、百五十キロという、スピードアップをするのに役立つということになってくるだけであって、結局、五年か十年たってみると、そういった新車をつくってみる、あるいは、新しいやり方を開発する、というようなことは、次の大きな禍根の原因を、そこにつくっているだけでしかない。結局、公害を助長するのに手をかしている。それを、防止する気持ちでやったことが、結果的には、必ず、助長する手段になっている。

結局、ああすればよくなる、こうすればよくなる、公害を防ぐのには、ああすればいい、こうすればいい、といろいろなことをやるわけですが、やればやるほど、それは、解決には役立たず、問題はますます内部化し、深刻化し、拡大化することになってしまう。

まあ一口に、どうしてそういうことになるのか、そうした矛盾したことが起きるのか、というと、根本的には、人間は何一つ、根源っていうものを、原点っていうものをつかんでいるのではない、何一つ知っているのではない、ということからおきるんだと思います。

果物はさんざんな目にあっている

海の汚染公害問題を、陸の例でいえば、百姓が作る食品の汚染公害の問題ということになりますが、こういうものをですね、百姓がそれを防ぐ、あるいは、百姓を指導する技術者の手によって、それが解決できるように思っている。ここらあたりが大きな錯覚なんです。

たとえば、ここにある、このミカンでもですね、その他の果物でも、みなそうですが、薬をかけない果物を作ってくれとか、汚染しない米を作ってくれ、ということを消費者は言いますけれど、どうして、薬づけのような果物が出てきたかというと、一番最初の原因は、消費者の側にあるわけです。

消費者は、形の整った、少しでもきれいな、少しでもおいしい、少しでも甘味の多いものを要求する。それが、そのまま百姓に、いろんな薬を使わす原因になっているんです。このミカンなどでも、ここ五、六年前、食品公害が叫ばれ始める頃までは、使われなかった薬が、ここ数ヵ年の間にも、どんどん使われ始めている。食品公害を叫べば叫ぶほど、多くの薬品を使わなければならないことになってきているわけです。

どうして、そんなばかなことが起きるのか。自分たちは、真直ぐなキュウリを食べる要求をしてもいないし、そんなに、外観のきれいな果物を要求しているわけでもない、ということを言いますけど、実際に東京の市場なら、東京の市場に出して、それが店頭に並べられたときにですね、ここにちょっと外観のいい物と悪い物とがあった場合、どのくらいの差がつくかということなんです。甘味度でいえば、糖度が一度増すごとに、それこそキロでいえば、十円、二十円の高値がつく。大・中・小でいえば、一つの階級があがるたびに、二倍、三倍になる。玉が大きいということだけ、あるいは、糖度が一度か二度増すことによって、また、外観にちょっとした汚れや斑点がある、ない、だけのことによって、値段というものは、二倍、三倍にもとびあがる、というかっこうになってきている。こうなれば、サービス業者としては、少しでも、都会の人が要求するものを売ろうということになるのは当然でしょう。

たとえば、夏、八月に、温州ミカンを出しますね、昨年あたりは、ばかみたいに、十倍、二十倍の高値がついているわけです。だから、今年あたりは、ビニールハウスの中で、冬の間に石油をたいて、もう、温室の中では、現在、花ざかりなんですが、こうして出来たミカンが、八月に出荷される。そうすると、ふつう、キロ五十円程度しかしないものに、五百円、六百円、一千円という、べらぼうな値段がつく。だから、十アールのミカン園にですね、いくら、数百万円の金をかけて、そういう資材を入れて、石油を燃やして、苦労してミカンを作っても、けっこう引き合うということで、さかんに、このごろやり始めてきているわけです。ほんの一ヵ月、ミカンが早いということのために、何十倍の労力、資材を入れて作る。しかも、それを平気で都会の人が買う、ということになっている。しかし、一ヵ月早く食べるということが、人間にとってどう役に立つのかというと、実は、これは疑問であるばかりでなく、むしろ、マイナスじゃないかと思われるわけです。

また、数年前にはなかった、ミカンのカラーリング（色づけ）というのをやり始めた。これをやると、一週間ばかり色づきが早くなります。十月の十日前に売るのと、十日後に売るのと、十日か一週間の差によって、やっぱり値段というものが、倍になったり、半分になってみたりする。そのために、一日でも早く色をつけたくて、着色促進剤をかけ、さらに採集後、密室に入れてガス処置がとられる。

さらに、早く出すためには、甘味が足りませんので、早く糖度を増そうとして、人工甘味剤が使われる。まあ、ふつう、人工甘味剤っていえば、一般には禁止されているはずなんですが、ミカンに散布する人工甘味剤は別に禁止されていないようです。これは、農薬のうちに入るか入らないかも問題だと思うんですが、とにかく、人工甘味剤がかけられる。

こういうふうにしておいて、さらに今度は、共同選果場へもっていって、大小を選別するために、一つ一つの果物が、何百メートルという距離を、ころころと、ころがされていく。そのため、非常に打撲傷ができてくる。大きな選果場になればなるほど、一つの果物が選別中に、長い間ころげて、汚れや打撲傷ができますから、その途中でまた、防腐剤がかけられ、着色剤がふきつけられるわけです。その前にまた、水で洗浄される過程がある。果物はさんざんな目に合います。そして最後に、ワックス仕上げといって、パラフィンの溶液がふきつけられて、表面にロウがひかれる。食パンなどには、流動パラフィンというのは禁止されているはずですが、こういう果物類につける流動パラフィンは、さしつかえあるのか、ないのか、知りませんが、やっぱり、そのままにされている。これも、何のためかというと、店頭におかれて、ビニールの袋に入れるのと同じように、鮮度を保ち、二日も三日も、新しいとりたての果物のように見えるから、その見かけのために、パラフィンで光らせるわけです。まあ、ミカン一つとりあげてみても、こういうような処置がとられているんです。

だからミカンを採集する直前から直後にかけて、また、出荷されて、店頭に並んで、消費者の口に入るまでにもですね、もう五種類、六種類もの薬が使われる、というような状態になってきた。で、これらは全く、消費者の方の、少しでも外観のいいもの、きれいなもの、大きなものを買おうという、ほんのわずかの気持ちが、百姓をここまで追いこみ、苦しめているというわけなんです。

労多くして功少ない流通機構

もちろん、こういうことは、百姓が好んでしているわけでもないし、指導者も、好んで百姓を苦しめようとしているわけではないんですが、一般の価値観というものが変わらない限りは、これをくいとめることはできない。

私が横浜税関にいた今から四十年も前に、アメリカではもう、サンキストのオレンジとかレモンとかいうものには、こういう処理がされていたんですが、それが日本に入ってきたときにですね、私はこういうことを実施することに大反対したわけです。何かをなすことによって、世の中がよくなるんでなくて、むしろ、しないように、しないようにすることが、大事なことだというようなことを言ったんですが、結局、そういう意見などは聞き入れられず、やっぱり実施されてしまった。

しかし、確かに、一つの組合、一軒の農家がですね、新しい手段をとれば、やっぱり、その年には、その工夫をしただけ、儲けが多くなる。ところが、二年目になってみると、ほかの共選や農協だって黙って見ているわけではなく、すぐそれをまねてやりだす。それで、二、三年すると、全国の果物に、ワックス処理がとられるようになる。そうなると、ワックス処理をしていないのは安くなるが、ワックス処理をしているからといって、高く売れるわけでもない。結局、数年たってみると、ワックス処理をしたから、値売りができたという現象はなくなってしまって、結局残るのは、ワックス処理をしなければいけないという、農家の労力、資材の負担だけというかっこうになってくる。

で、結局それが、消費者にとってはむしろ、害になる。新鮮でもないものが、新鮮そうな見せかけだけで売られる。で、こういうものは、もちろん、鮮度も落ちているから、ビタミンが破壊されて、随分なくなっていますし、味も落ちてしまっている。これならむしろ、しなびている方がいいということです。しなびているということは、生物学的に言えば、一つの消費エネルギーを最小限度にしている状態になっているわけでして、呼吸作用が停止に近い状態になっている。ちょうど人間でいうと、坐禅をして、呼吸を最小限度にとどめると、消費カロリーも少なくなり、断食しておっても体力がおとろえない。これと同じように、ミカンがしなびている、果物がしなびているということは、自己防衛のためであるし、そういうふうな状態になっても、果物自身の味は、落ちなくてすんでいるわけなんです。無理に見かけの鮮度を保ち、湿気を保つのが間違っているわけです。店屋の前で見ていると、野菜の上にでもしょっちゅう水をうっていますが、こういう見せかけの鮮度を保つようなことをすればするほど、その植物というものは、生命活動が活発になって、自己消費をいたしますから、自分の肉を自分で食うことになる。タコが自分の足を食うようなもので、結局、内容が乏しくなってきて、栄養もなくなるし、味も悪くなるというのが実状なんです。ですから、見せかけだけにごまかされて、消費者は、高くてまずいものを食うという結果になってしまっている。生産者の側も苦労して苦労して、しかも、二、三年たてば生産費が高くなっただけであるから、少しの手残りしかないということになる。全く、労多くして功少なし、というわけです。こういうことが現在、すべてについて、あらゆる分野で行われているわけですね。

あらゆる農協団体、あるいは共選組織でもですね、こういう無駄なことを強行するために統合されて拡大されてきた。それを近代化のように思ってきた。そして、大量生産して、流通機構に乗せる。大量を、大きな市場へ運んで、大きなところで大衆に売りわたせば、生産者も合理化されて分業的になってくるから、安く生産できるし、消費者も安いものが食べられるように思う。これが、大量流通機構の最初のうたい文句であって、そういうことはいかにもできそうに見え、うまい話に見える。

ところが、事実は反対になってくる。大量に作れば作るほど、実は、生産者は泣かされるかっこうになるし、消費者は高いものを、しかも価値のないものを食べる結果になっていく。本物は食えなくなって、にせ物を食わされるという結果になってくるんですが、そこの理屈がわからない。ただ流通機構の改革というような観点だけから見ても、本物が流通しなくなって、生産者も消費者も、どちらも苦労する結果におちいり、流通機構の改革の根本的原点というものを見失っている。枝葉だけの改革をやっているうちに、根が枯れてしまっているわけです。一言でいえば、美しい、うまい、大きい方がよいというような価値観の逆転がないかぎり、根本的解決はできないということです。

自然食ブームの意味すること

これは内緒ですが、私は、米やミカンを作ってですね、数年前までは、四十〜五十俵の米を、自然食の店におろしてみたり、あるいは、果物は毎年、十五キロ入りのダンボール箱で、東京の杉並区の生活協同組合へ、十トン車で直送していました。これは、有機農業研究会のあっせんですが、この東都生活協同組合の理事長の土屋さんも非常に変わった考え方をもっておられて、汚染されてないものを売りたいという意欲から、話がまとまったんです。自然食というのは、もともと最低の費用と労力でできるはずですから、一番安い価格で販売しなきゃいけないというのが私の信念であり、これにのっとって価格も最低にして、送ってみたんです。

最初の年は商品に対して、いろいろ賛否両論があって、苦情も出てきました。大中小の差があるとか、あるいは、外観が多少汚いとか、あるいはしなびているものがあったとか、まあ、いろいろ言ってきた。ことに、なるべく安くした方がいいからと思って、無地の箱に入れて送ったんですが、これじゃどうも、くずものばかり集めて送ってきたんじゃないかと邪推するような人も出てきた、というような話を聞きまして、自然食品といいますか、自然のミカンというレッテルを貼ったダンボール箱に入れて送ったんです。

まあ幸い、その結果は、東京のあの地帯では、一般の商店に出ているミカンとくらべて、最低の価格であったこと。そして、味がむしろ、最高によかった、おいしかったという評判でした。ただ、欠点を強いて言えば、一般のものと比べりゃ外観が悪かったはずなんですが、それに対する苦情は少しも出てこず、値段が安いということと、無公害であるということと、おいしかったこと、この三つの点で、次第に定着してきました。でも最初は腐りが出た時もあり、その対策に苦労しました。原則はやはり近い所で作り、売ることでしょう。

自然食の直販がどこまで伸びるかは、今後の問題ですが、一つの希望はあるんです。果物作りというのは、今、非常なピンチに追いこまれていますが、このピンチがかえって自然食ブームを伸ばすというような点からいうと、一つのチャンスになってきたような気がするんです。というのは、いくら百姓が努力して、一生懸命で薬をかけ、そして苦労して作っていてもですね、もう現在では、再生産ができかねるような価格でしか売られていない。ミカンでいいますと、温州ミカンあたりで、キロ四十五、六円が生産費ということになっておりまして、それで、農家の手取りは、悪いものは四十円くらい、いいものが六十円くらい、今年で五十円くらい。今年あたり、特にいいものを作った農家でも、本当の手残りというのは一キロでいって、十円か二十円というのが実状なんです。下手をすると、もう、生産費が上がったために、手には何も残らないという程度なんです。

こういうふうになってきますとね、一生懸命努力しても追いつかない。価格が暴落してからのこの一〜二年は、共選や農協の指導が全く厳重になってきまして、悪い品を作った場合には、没収というようなところまできています。だから悪いものを作ったときにはもう、共選に出せないというのが実状でして、そのために庭先選別が強化されてきた。庭先選別というのは、昼中かかって一生懸命とってきたミカンをですね、夕飯を食べてからのちに、自分の庭で、十一時、十二時頃までかかって、みんな、それを一つ一つ手にとって、悪いミカンを選別して、いいものだけを残して出荷するということなんです。だからもう、ここ四、五年は、ミカン作りの農民は、夜ねむれないほどのところまで追いこまれている。こうまでしても、その何割かは没収される。そして、平均の手取りは、わずかに五円でもあればいいといった状態になってきた。

そうすると、私が、薬もかけない、化学肥料も使わない、土地も耕さないで作った、そのミカンがですね、生産費が安いから、これを引けば、どうかすると、一生懸命作った人よりも、手取りが多いということになってくる。しかも、私が出すのは、もう、ほとんど無選別で、ただ、とったやつを、箱に放り込んで送るというかっこうですから、夜はもちろん早く寝てるというわけです。

隣近所の人が、それを見ておりまして、こう差があって、苦労して、しかも手残りがないのではかなわない、もう、来年から薬をかけるなって言えば、かけなくてもいいから、是非一緒に出荷させてくれというような具合になってきた。そういうふうに生産者の方に、自然食を作って出すのも悪くないという気運が出てきた。

そして消費者の方もですね、一昨年は悪口もぼつぼつ出ましたけど、昨年は少しも苦情が出てこなかった。それで、話を聞きますとね、消費者は、従来、自然食品というと、高いのが常識になっている、高くなけりゃ自然食品じゃないということになっている。だから、本当の自然食品でも、安く売ったら、むしろ売れないんだ、という話も小売人の方から聞いていたんです。

実はこれも、今になってみると、私の考え方が正しかったんじゃないかという感じもするんですが、数年前、自分のミカン山の中でとれている蜂蜜とか、あるいは放飼いのニワトリの卵を東京へ送ってくれというような話が出てきた。そのとき、向こうの取り扱いをする人がですね、べらぼうな値をつけて売ろうとするので、私は腹を立てまして、そこに出していた米も、去年、今年とやめてしまったんです。それは、どういうことかというと、自分の米が増量され、ばかに高い値で末端の消費者のところに渡っているということを知ったからなんです。高い自然食品だとですね、これは必ず商売人が横槍を入れるというか、それに便乗しようとする気運が出てくる。自然食品でもないものも、自然食品として売ったら、馬鹿儲けができるということになってくる。また、自然食品が高ければ、一部の人しかそれを利用しない、買わないということになるし、そうなれば、どんなにいってみても、高利少量販売ということが起きるだろうと思う。だから大衆性をもって、誰でもが自然食品を食べるという運動を起こすためには、安くなければいけないというのが、私の考え方だったわけです。高いと、それは貴重品扱いにして、少数の人は買ってくれますが、そういう人を相手にしていたんでは、結局、本当の生産が伸びてこない。つまり、大量に流通されるかっこうにならなきゃ、百姓も安心して作物を作れないわけなんです。だから、安い自然食品っていうものを、やってみたわけです。消費者が、やっぱり安ければ安くていい、という気持ちになってくれさえしたら、これで軌道にのれる、ということです。

だんだん消費者の方が、こういう気持ちを大事にしてきて、大量の注文がくるようになれば安心して、百姓の方も作られる。そして、百姓自身だって、薬をかけないっていうことは、楽だっていうこともわかっているし、自分の体まで壊して今のようにやりたい人はいないんですから、やめろといえば、喜んでやめられるんですよ。やめられないのは、手残りが全くないような価格の暴落ということが痛くてやめられなかった、ということなんです。しかし、そういうピンチがチャンスになって、今年は、原点にかえった流通機構が、ただひとつの、ミカンの例ですが、軌道にのりそうな感じをもってきているわけなんですね。

自然に作られたものの味

先日もＮＨＫの人が来て、自然の味ということで、ちょっと話を聞かしてくれなんて、話が出たんですが、このミカン山の中に放飼いしてある、ニワトリの卵と、下で、バタリーの中で飼っているニワトリの卵とを比較してみたいと言って、それを比較してみたんですが、全く、この山のニワトリの卵の黄身というのは、黄色というよりは、むしろ赤いという色になっていて、非常にふくらんで、弾力がある。片一方の、ふつうの養鶏場で飼っている卵っていうものは、黄色といっても、白っぽけた、やわらかい、しまっていない黄身ですね。こういうものを比較して、卵焼きにでもしてみりゃ、味っていうものは、もう、全く違ってしまっている。それを食べた、すし屋のおやじさんなどは、これが昔のニワトリの卵だと、貴重品のように喜んでくれたりしたわけなんですが、この、自然の、放飼いにしてあるニワトリの卵と、人工的に飼っているニワトリの卵の味の差を、人々は忘れてしまっている。

また、ミカン山の中ではありますが、クローバーやいろんな野草、雑草の中にはえている野菜。実は私のミカン山の中には、いろんな野菜の種がばら播きしてありまして、草と野菜とが混生している状態です。野菜も、大根、かぶ、にんじん、たか菜、しゃくし菜、からし菜、豆類というようなものが、みな共生して混在しているような状態なんですけど、そこの野草化した野菜と、一般の農家の庭先や、田で肥料をやって作った野菜と、どちらがうまいだろうかというような話が出てきたわけですけれど、それも、比較してみますと、もう、全く香りとか味とかが違ったもので、野生化したものは強烈で、コクのある味だというようなことを確認したわけなんです。

なぜこうなるんだろうか、というような質問をされたから、私は即座に、それはもう、むつかしく考えることはないんだ。畑で野菜を作った場合には、チッ素、リン酸、カリ肥料というふうな三要素のみの化学肥料を使って野菜を作っている。一方、この草の中というのは、草の種類が多ければ多いほど、あらゆる養分というものが土壌の中にある。雑草のはえてるところ、クローバーのはえてるところ、混生しているところには、チッ素、リン酸、カリはもちろん、豊富な各種の微量要素が、そこには含まれている。ミネラルがあるし、何でもある。こういう中で、そういうものを吸収して太った植物というものは、複雑な味になる。いわゆる味でいえば、ただ単にあまいということだけでなくて、にが味、から味、すっぱ味、しぶ味、こういうものが全部ミックスされたものが、自然の味、自然に作られたものの味になる。

もう一つ言うと、人工的に改良されてきた野菜よりも、野生の草、山菜というものの方が、現在作られている野菜より価値があると言えます。一般の人が山菜を尊ぶようになってきたというのは、昔の野菜や、山菜の方に、現在、一般の人が食べている野菜よりも風味があり、味があるということを、思いだしたというか、そういうことがわかってきたんだと思う。自然の山野にあるものは、コクのある味ができる。そして、野生に近い改良されてないものは、本質的に、そういう、あらゆる味っていうものをかねそなえている。本当の草になってくると、それが、人間の体にもいいことになってくるんです。

結局、本当の味っていうものは、人間の体にいいものということになる。食物と薬というのは二物でなく、表裏一体のものです。現在の野菜は、食物ではあっても薬にはならないが、改良されなかった昔のものは、食用にも薬にもなるというのが本来だったのです。

で、たとえば、この大根なんかでも、ナズナが大根の先祖といえば先祖なんですが、ナズナっていうのは、なごむという言葉と関係がある、なごむ菜っ葉ということです。春の七草をつんで食べるという、まあ、気分的にも、これはなごやかになるし、ワラビやゼンマイ、ナズナなんて食ってりゃ、人間もおだやかになります。このごろの子供は、非常に疳が強いということを言いますが、そういうふうな、なにかこう、いらいらした、せっかちな気分をしずめるには、ナズナを食べるのが一番だと言います。このナズナを食べたり、虫ですね、柳の虫とか、木の虫を食べると疳の虫にきくと言って、昔の子供はよく食べさせられたものでした。

昆虫類なんていうのもだいたい、食べられない昆虫はいないんですよ。で、昆虫は食べられもするし、薬にもなる。これは、話がちょっと余談になりますけれど、私は戦争中に試験場に勤めておりましたが、軍部の方の注文で、南方へ行ったらどんなものが食べられるか、それを書きだしてくれというので、調べたことがあったんです。そのときに、調べれば調べるほど、どんなものでも役立つということを知って驚いたんです。昔の文献なんかを集めてみますとね、まあ、たとえば、シラミとかノミとかは、誰も何の役にも立つように思わない。ところが、シラミはすりつぶして麦飯と一緒に食うと、てんかんの薬になるとか、ノミはしもやけの薬になるとか、便所のうじ虫が何だとか、お蚕さんなんかでも、これほどの珍味はない、なんていうのが出てくるんです。食べ方によって蚕の幼虫の方が食べられるということは、誰でもちょっとは考えるけれど、羽のはえてる蛾の方まで食べられるとは、自分も知らなかったんですが、蛾なんかもですね、つきまぜて羽のりん粉を落として食べるとうまい。そして、幼虫でも、生きてる幼虫だけならいいんですけど、病気にかかった（蚕には白狂病という病気がありますが）やつが特に珍味だなんて書いてあるんですよね。だから、味からいっても、薬になるということからいってもね、驚くべきことが、実はあるんです。

人間の食とは何か

だいたい、人間の食とは何かということなんですが、まあ、西洋の栄養学というような立場からいくと、人間の食物とは、人間が生きるためには、でんぷんと、たんぱく質と、脂肪分があればいい。そのカロリーが一日に何百カロリーあればいいんだという基本項目をこしらえてですね、これが人間の生命を養っている材料だというような解釈をしている。

ところが、これは全く、西洋の栄養学的な立場から見た食物なんで、人間の本当の食物とは何かということは実は、誰にもわかってはいないんです。それで、私は、自然食ということがこのごろ言われるようになったから、自然食とは何かということもぼつぼつ考えてもみたんですが、実際のところ、さきほども言ったように、自然がわからない人間に自然食がわかるか、ということが言えるわけです。

たとえば、ニラとかニンニクとか、ネギとかタマネギとかいう百合《ユリ》科の植物でもですね、その中でも一番野草に近いノビルとかニラとかいうものが栄養が高くて、しかも人間の薬にもなり、強壮剤にもなっている。その上、味にしても、山菜みたいなのに近い方がおいしいんです。

これが一般にはどうなっているかというと、改良された、ネギ、タマネギの方がおいしいように思われるんです。どういうわけか近代人は、自然からはなれたものの方をおいしがるんですね。ところがそういうものは健康上からすれば、非常に人間に悪い。

動物の方を見ましてもね、野生に近い野鳥のようなものの方が、人工的に改良されたニワトリのブロイラーよりも、ずっと体によく、おいしいはずですが、なぜか改良された、自然から遠ざかったものほどおいしいとされ、高く売られております。そういうものよりは、地鶏のようなものは、かたいとか何とか言って敬遠されます。本当においしいはずの雀だの野鳥だの山鳥だのというものは姿を消してしまっているというのが実状なんです。

それから、乳でもですね、山羊の乳の方が牛の乳よりも価値が高い。しかし、価値の低い牛の乳の方が一般に流通している。そして肉でも、牛馬の肉が一番普及し、多量に流通しておりますが、実をいうとこれが一番酸性の食料であって、人間の血液を濁すやつなんですよ。

とにかく一般に、自然をはなれたものをおいしがるのは、結局、ものの本当の味がわからないんです。本人の好きずきだ、なんて言って、ふつう、ごまかしてしまうんですが、そうではなくてですね、一口で言ってしまえば、人間の体が反自然になればなるほど、反自然のものをほしがるということなんです。で、そうなると結局、反自然のところでバランスをとらなきゃいけなくなる。もっともアルカリ性の強いナスビやトマトをとらなきゃいけない。この二つを組み合わせて食べるというかっこうになってくる。果物でいえば、ブドウとか、イチジクというものが一番陰性です。だから、陰性のブドウ酒やビールには陽性のつまみをつける。魚でいえば、マグロとか、ブリとか、こういうものが一番価値は高いが、陽性が強すぎる、これを帳消しにするためには、大根おろしをつけたりしなきゃならないということになってくるわけです。それで、こういう両極端のところでバランスをとろうとする。これは非常に徒労であって、ある次元でいえば、さしつかえないとはいうものの、綱渡りに似て、非常に危険なバランスのとり方なんですね。

こういうふうなバランスのとり方というのは、実を言うと、危険なばかりでなくてですね、百姓を苦しめ、漁師を苦しめるもとなんです。魚でも、ブリとか、マグロとか何とか言って、遠洋漁業までして、とってこなけりゃいけない。ところが、タイやヒラメ、小魚ぐらいだったら、瀬戸内海でもとれるわけです。この方が実は、体にもいい。川や池でもとれるコイ、ドジョウ、ウナギなんぞの方が、ずっと体にいい。一番いいのは、タニシ、シジミ、川のエビガニとか、沢ガニとかというようなものでしょう。こういうものがよくて、そして、海の大きな青魚になってくるほど体に悪い。

結局、川の魚が人間に一番いいんですね、その次は浅海の魚で、一番悪いのが、深海ないしは、遠海になってくるわけです。人間が苦労してとってこなきゃいけないものが、一番悪い。で、こういうふうに考えてきますとね、人間の身近なものが、一番いいことになってくるわけです。遠方へ離れたものほどいけません。食養には、身土不二という言葉がありますが、近いところのものをとっておれば、さしつかえないということです。この村に生きているものが、この村に出来ているものを食べていれば、まちがいないんです。それが欲望の拡大につれて、遠方のもの、外国のものまで食べようとする。これが人間の体を損なうようになるんです。

自然は色に出ている。果物でも、色で判別することができますね。クリとか、クルミとか、こういうふうな殻斗類の茶色のもの、それから、バラ科の、紅、青のリンゴとか、ナシとか、赤、黄のカキとか、ビワ、紫色のブドウ、イチジク、とかいうものがある。果実の色で見てみてもですね、やっぱり、褐色、黄色、赤色、こういうものはいいんですよ。それが青色になり紫色になってくると、陰性で悪いものとなる。しかし、甘くておいしいので、青や紫色のブドウは、世間では、それが結構、高級品になっているわけです。で、まあ、実際世の中はうまくしたものだなあと、このごろつくづく感じるのです。

果物の色を見てもですね、自然に、何が人間にいいか、悪いか、という事が決められそうに見える。まあ、茶色や栗色を見ると、人間は陽性を感じる。やっぱり陰気な色を見たら、陰気になるというようなかっこうですね。やっぱり、陰性とか陽性とかいうことは、人間の感情とも結びついておるし、体の原理というか、そういうものと、全く符合しているわけです。色（物）と心は、もともと一つで、切り離してはならない。色だけ見て、西洋の栄養学でも、三色とらなきゃいかん、赤色と青色と、黄色の野菜をとらなきゃいけないといってますが、これがきわめて部分的で、近視眼的なとり方なんです。ニンジン、ナスビとトマトとキュウリとを食っていればいいかということになってくるわけですが、こういうことでは、色にまどわされるだけであって、むしろ、もっと大きな目で、組み合わせてとっていかねばならない。野菜でいったら野菜の原点、果物の原点、肉の原点、魚貝類の原点、禾本科の植物だったらヒエ、アワ、キビ、麦、イネ、こういう原点に近いものをとることが大事だということになってくるんです。そうすれば、動かなくて、働かなくて食えるということになってくる。やっぱり、欲望が多くなればなるほど、そのために動かねばならなくなる、走りまわらなきゃいけない。御馳走《ごちそう》を食べるとすれば、文字通り走りまわる。ごちそうを食べなければ、汽車や船で動き回らなくても食べていける。

で、結局、一番簡単なのは、私のところの山で原始生活している連中のように、玄米や玄麦食って、アワやキビ食って、そして四季その時、その時の原野の、あるいは野草化された野菜を食っている。これが一番、動かなくて、生きる手段になってしまう。ところが、これが生きる手段であるというだけでなくて、そういう生活をしていると、それが最高のごちそうになってくるんですね。

味がある、香りが高い。おいしくって、しかも体によくて、動き回らなくてすむ。三拍子そろって、いいことになる。

その反対に、まちがった食物をとるとですね、おいしいように錯覚して舌におぼれ、人工的な果物、魚、野菜、メロン、ブドウ食って、遠方のマグロ食ってね、牛肉まで食う。まさに、これ、最高のごちそうに見えるんですね。ところが、体は一番危険な状態になってくる。しかも、そのために、どれだけ難儀をしておりますかね。土地のものを食っているのに比べて、ちょうど七倍になるんです。七倍の資源と労力がいる。

だから穀物を食べている人種は、肉食人種の七分の一の働きでいい。七分の一の面積で、同じ人口が養える。日本の国は狭い狭いといっておりますが、日本人がみんな穀物、菜食するようになったら、人口が二倍になろうが三倍になろうが、この国土の中で、充分養っていけるんです。ところが、肉食をして、うまいものが食いたいということになると、あともう、十年足らずして、日本は食糧危機におちいること確実です。三十年もしたら、絶対的に不足するということになってしまう。だから、食糧危機になるもならんも、人間が何を好むか、何をとるかっていう方針一つによって決まってしまうということになるわけです。

一枚の田圃で、ここの田圃のように、米麦ともに、反十俵以上もの米麦を作れば、五人から十人の人間を養える。ところが、これをえさにして、牛を飼って、その肉を食って、そのカロリーで生きようとしたら、一反で一人しか養えないことになってしまう。これはもう、具体的にはっきりしてるわけです。だから、うまいもの食えば、どれだけ苦労するかということを、一人一人がよくよく反省しなければいけないわけです。

　だから、日本の農政なんていうのも、人間の食は何かということを、まず確立しなければいけません。人間の食が何かということもわかってなくて、食糧増産、食糧増産と言っているんです。

　人間の食生活は、高たんぱく質のものでなきゃいけない。でんぷんでも、日本の米は、どうもおもしろくない。アメリカの小麦の方が上品で、栄養価が高い、というようなこともずいぶん言われたんです。そして、日本人を米食人種からパン食人種にしたら、生活の向上だという、とんでもない思想も吹き込まれたわけなんですよ。ところが、実はそうじゃなくて、玄米、菜食が一番粗食のように見えて、むしろ、栄養的にも最高の食であるし、人間の最高の生き方をするのに、一番近くて楽なやり方だったわけですね。また後で自然食の原点については話しましょう。

原点を忘れた日本の農政

　こういった食の根本がわからないから、終戦後の農政を見ておりますと、第一番に、麦作をやめろ、ということになってきたんです。で、麦を作らないということもね。これは余談ですが、自分が十年程前に、ＮＨＫの優秀農家選出で四国代表になるかならんかの境目のところで、審査の人が、こういうことを質問されたんです。

「福岡さん、どうして麦をやめないのか」と。

それで、私は、

「日本の水田から、最高のカロリーがあげられるのは、米麦だ。それ以外の作物よりも、一番収量が高く、栄養価も高く、しかも一番作り易いんだ。だからやめないんだ」と、こう言った。ところが、そのころには、とにかく日本の麦は、アメリカの小麦の二倍、三倍と高くつく、だから、そんな高い麦なんか作るよりは、アメリカの小麦をもってくる方がいい。こんなものはやめてしまうべきだ。やめろやめろっていうことを、さかんに宣伝していたんです。

私は、そのときはっきりと、やめないと言いました。それじゃ、そういう頑固な人は優秀農家にはなれないということでね、……笑い話みたいなことですが。

「そんなことで優秀農家にしてやらんと言うのなら、そりゃ、してもらわん方がいい」

と言ったようなことがあったわけなんです。それでも、そのときの審査員の先生たちは、

「福岡さん。農林省の意志に反したようなやり方をする者を優秀農家にするわけにはいかないけれども、自分がもしも、学校やめて百姓やるんだったら、福岡さんのような農業をやるだろう。楽で、それでいて収入が上がるような米麦作りというのをやるだろう」

と言って、笑っていたんですがね。とにかく、そんなにまで、麦作りをやめろ、という方針が徹底していたんです。

それからしばらくして、「自然農法」というテレビ番組かなんかに、私、出まして、いろいろな大学の先生と対話したりしたこともあったんですが、そのときにも、麦をやめたらどうか、というような話が出ましてね、その当時は、「安楽死」という言葉だったんですよ。

「もう、米麦作りの百姓は、安楽死してもらいたい」と。

ところが、番組のすんだあとの控室での話では、

「まだ、安楽死というのは、なまやさしい言葉なんで、農林省の役人が本当に考えているのは、〝野たれ死に〟なんですよ」と。

いかにして早く野たれ死にさせるかということが、一つの方針なんだという話。これを聞きまして、大いにふんがいしたようなことがございました。

とにかく、農林省の方針、日本の農政の方針というものは、出発点というか、原点というか、農業は何かということ、何を作るべきかということが、まるではっきり分かっていない。米よりは小麦が栄養価が高いと誰かがいえば、すぐ、小麦を作れ、という。

四十年ほど前には、アメリカからパン用の小麦を入れているのは不都合だから、日本で小麦を作って輸入しないようにしようという運動を国ぐるみでした時期もあったんです。その時は、岡山県なんかに、農林省の小麦の栽培試験地なんかができまして、アメリカの小麦を入れてきて日本で作るということをやってみた。けれども、結局、アメリカ産の小麦だものですから、非常に刈りとり時期がおそく、日本の梅雨に入るのです。梅雨に入るから、非常に不安定作物だといって、百姓は作りたがらなかったんですが、日本の裸麦や大麦、めん用の小麦を少し作っていた百姓にですね、アメリカの小麦を押し付けて、それを作らせたわけです。そうして、終戦後にどうなったかというと、パン用の小麦は不安定作物で、病気に弱く、熟期が遅く、収穫時期に雨にでも降られますと、苦労したすえ、みな腐ってしまう。はったい粉にして口に入れるとむせて吹き出して口から飛び出

る。小麦ほどあてにならない作物はないと百姓は言って笑っていたのですが、それでも辛抱して作っていた。

ところが、アメリカの小麦粉がどんどん輸入され始めて、日本の麦が割高になってくると、今度は麦作りをやめ、やめ、と農林省は言い始めた。もちろん、麦の値が下がって、喜んでやめるような下地はできておりましたから、すぐにみんなやめてしまった。現在、山陽筋から、東海道筋に麦がないのは、一つは、百姓がやめたというよりは、四十年前に、農林省が無理に小麦をあの地帯で作らせたということが原因なのです。が、四国に渡ってみると、まだ多少、香川県、愛媛県には麦が残っている。これが残っているのはなぜかといいますと、裸麦だから残っているんです。こういうものは、早いものは五月に刈れます。梅雨に遭わなくて刈れるから、比較的安定している。そういうことで、百姓が残してるわけなんです。小麦を作らせたことが、日本の小麦ばかりでなく、日本の麦自身をも、滅亡させる禍根を、四十年前につくっているんです。

だから、四十年ほど前には、小麦を作れ、作れと言って、外国のものを作らせて、結局無理な、できないものを作らせ、やめてしまった。そうすると、それと一緒に、食料や飼料なんかにもなる裸麦、大麦、めん用小麦も、日本の麦よりアメリカ産の麦が、飼料価値が高いように宣伝したこともあり、がっくりした百姓はやめてしまった。さらにまた、どんどん文化程度が上がってくると、さあ、肉を食え、卵を食え、ミルクを飲め、パン食にしろということになってきてですね、西洋の栄養学にも、それが合致してるということから、外国から、飼料のトウモロコシとか大豆や麦を、どんどん入れるようになった。しかし、日本の麦では、高くつくからいらない。作る必要ないじゃないかと、そういうことでもう、内からも外からも、日本の麦作りを廃止させることをやってきたんです。そして十年たつと、食麦不足の心配ができたから、自給用の麦を作れと言い始めた。米はいらないが、今年は麦に奨励金を出すと言います。ただ作れでは駄目です。具体的な根本方針の確立、革新的農法が先決です。日本の農政は、日本の作物を追出し、日本の百姓を田圃から追出す政策をとってきた。

それにまた、一般の考えでは、少数の人間で能率をあげて大量に作れば、それが農業の発達だと思っているから、終戦直後は人口の七、八割が農民だったのをですね、四、五割にし、さらに三割、二割にし、現在は、二割をわって、十七％ぐらいですかね。さらに一割、十％以下に下げよ、欧米並みに四％まで下げよというのが、農林省の目標なんです。全人口の一割だけを農民にしておいて、それ以上のものは首切ってしまう、というのが根本方針なんです。

私は、実は、国民皆農っていうのが理想だと思っている。全国民を百姓にする。日本の農地はね、ちょうど面積が一人当り一反ずつあるんですよ。どの人にも一反ずつ持たす。五人の家族があれば五反持てるわけです。昔の五反百姓復活です。五反までいかなくても、一反で、家建てて、野菜作って、米作れば、五、六人の家族が食えるんです。自然農法で日曜日のレジャーとして農作して、生活の基盤を作っておいて、そしてあとは好きなことをおやりなさい、というのが私の提案なんです。

玄米や麦めしがいやという人には、日本で最も作り易い裸麦で作った麦めし・パンもよいでしょう。これが最も楽に生き、国を楽土にする、一番手近な方法だと思います。現在の農政というのは、それとは全く反対なんです。数を減らして、少数の者に作らそう、アメリカ式にしようというのが、目標なんです。しかし、これは、能率が上がったというのとは、ちがうんですよ。

企業農業は失敗する

実を言いますとね、この近代農法、企業農業という言葉が出てきたときに、私は、これに徹底的に反対したんです。企業農業というのは、儲ける状態になってるときには、そりゃ、言ってもいいけれども、日本の農業はそうではない。商人だったら、原価がいくらのものを加工したんだったら、いくらのマージンをつけて売るというように、利潤をつけて売るというのがたてまえなんですが、日本の農業は、そうではなくて、肥料も農機具も、農薬も、みんな向こうのつけた価格で買ってきて、そして、それを使って作った生産物の原価がいくらになっているか、知りもしない。全く商人まかせです。そして、米は米で、政府が決めた価格で、ああ、そうですかと、売ってるだけのことなんです。だから、儲けるなんていうたてまえにはならないんです。

だいたい、企業農業なんていうのは、架空のことなんです。企業農業なんていうことは、日本の農業の、東洋の行き方じゃない。百姓は、儲けなくても肥ることはできるんです。一本の杉の木を植えるときには、一本の木から、一歳ぶとり、二歳ぶとりといって、一年間に、米に換算すると一合から二合分の米に匹敵する肥り方をする。一本の杉の木から、一〜二合の米が出来てるんだ、と。

一粒の米を播いても、百粒にも、二百粒にもなるんだ、と。それでいいんだ、と。そういう考え方で努力すれば、食ってもいけるし、肥ることもできるんで、それを楽しみにいけばいいのであって、儲けようと思ったら、必ずそれは経済ベースにのって、失敗する。

いわゆる現在の近代農法というのは、自然を生かして、自然のめぐみを収穫するというのではなくて、チッ素、リン酸、カリを合わせて米を合成する、野菜を合成する、果物を合成してるんではないか。私はこういうのを、加工業者だというんですよ。近代農法っていうのは、自然を生かして、それを利用したと言ってるけど、そうじゃなくて、それを踏み台にして、それのまねごとをしてるんじゃないですか。人工的な、自然のものに似た、にせものを作っているにしかすぎないんです。

だから、野菜でもですね、自然のものだと思ったら、味がちがう。これは、チッ素、リン酸、カリという合成品で、ただ、わずかに、その野菜の種を使って、それに吸収させて、そのチッ素、リン酸、カリが変形したものが、そのものの味になってるんです。ニワトリの卵だってね、ニワトリが産んだものじゃないんだ。これは、合成飼料と、農薬、ホルモン剤なんかをまぜたものが、卵というのに形が変わっただけにしかすぎないんです。だから、これは自然のものではなくて、自然の卵に似たものを人間が合成したにしかすぎない。いろんな肥料や農薬の加工製品にしかすぎない。どうせ、そういう加工生産品をやるんだったら、儲けるつもりなら、儲けるような計算をしなきゃいけないでしょうが、そうでもないですね。結局、ソロバンのできない商人なんです。そんなんでは、人から馬鹿にもされるし、ほかの方に、儲けを吸収されてしまう。

そういうのが現実なんですよ。昔は士農工商といって、農業というのは、商業や工業よりも原点に近いというか、神に近い立場にあって、神の側近なんていわれていた。だから、働かなくても、じっとしておっても、何とか食っていけたんです。ところが、現在は儲けるなんて言いだして、近代農業になって、先端的な時流に乗ったもの、果物でいえば、ブドウを作る、トマト、メロンを作る。魚だったら、自然の魚よりも、養殖漁業をやる、また、肉牛を飼う方が、儲けが多い、というかっこうになってきた。ところが、これは、経済ベースにのせられて、いちばんふりまわされた姿です。値段からいっても、何からいっても、変動がはげしいから、儲けもすりゃ、損もする。だから、昔は、馬鹿でもできるといっていた百姓が、今では、馬鹿ではできなくて、いちばん利巧《りこう》の、いわゆる商人以上の商人でないと、百姓はやれない、ということになってきた。それで、企業農業という言葉も出てくるわけですね。

そういうことをやれば、これは、失敗するのが当然なんですよ。だから、日本の農業というものが、根本的に方向を見失って、不安定な、先端的なところをめざした農政になっている。農業の原理をはなれて、商業になってしまっているわけなんですよ。

いわゆる、昔の農本主義という方がむしろ、日本の、東洋の農法だったんですね。それは全く非能率に見えるけれど、非能率ではないんです。たとえば、一つの、わずかな例ですけどね、私、このごろ思うんですが、山へニワトリの放飼いをしてみまして思うのですが、白色レグホンというような改良種の方が能率がいいように、ふつう考えるんですよ。一年に二百日以上も卵を産むから、これは能率がいいってことを言っているんです。ところが一年たつと、もう駄目になってしまって、廃鶏にしてしまう。ところが、地鶏（土佐や愛媛県の南の方なんかに多かったシャモとか、チャボとかいうような、褐色や黒の鶏）というのは昔からなるほど、産卵率は半分しかない。二日に一ぺんしか産まなかったりする。卵も小さい。だから、産卵能率が悪いように思う。ところが、実際はそうでもない。雄が一羽、雌が二羽の地鶏を飼ってみたのですが、一年たってみますと、いつの間にか二十四羽のひながかえり、雌二羽からはじまって、最後は二十羽になっているんですね。一年間に、十倍にふえるわけですよ。はじめの一羽どうしだったら、白色と地鶏じゃ、産卵率は白色の方がよいのだが、一年たってみると、バタリングで飼っているような白色レグホンの方は、一羽が一羽のままだが、片一方はいつの間にか十羽になっている。産卵率が悪いと思った期間も、実は休んでいるんじゃなくて、その間巣ごもっていて、一度に五つも六つもの卵をふところに抱いて、あたためているんです。それで、その間は卵を産まないが、ニワトリをかえしてるわけです。それを計算に入れて、一年間という長い目で見ると、産まない、産まない、といったって、十羽の地鶏とね、一羽の白色レグホンとをくらべたら、十羽の地鶏の方が、産卵率がいい。卵が小さいといったって、半分以下ということでもないですから、結局、地鶏の方がいいということになってくる。

ただ、この場合でも、外国から飼料もってきて飼ったんでは、やっぱり、白色レグホンの方が能率がいいんじゃないかということになってくるでしょうが、放飼いにしていると、そこらへんにあるもので、飼料はただでしょう。そうなってくると、やっぱり、数がふえた方がいいということになってくるわけです。

だから、日本の畜産なんかも、このへんに原点があるような感じがするんです。西洋風のソロバンっていうか、経済っていうか、そういうことでは、確かに非能率に見えるものが、逆の見方からいうと、もっとも能率がいいということになってくる。もっとも自然に近いものが、もっとも能率がよくなるということです。だから私は、バタリングの廃鶏をもらって来て、山に放飼いにして、起死回生を計るとともに、日本の地鶏をふやす運動もしたいと思っています。

誰のための農業技術研究か

人間の食品っていうのが、何であるかということが誰もよくわかっていないんです。そのために農業の目標がきまらず、朝と晩とで変わってくるということになる。それとともに、農業技術者の研究テーマというものも、ゆれ動いてきてるわけなんですね。何を研究すべきか、ということがはっきりつかめないままで、研究に入っている、ということが多いと思うんです。

実は、自分が米麦の直播栽培、つまり、平播の不耕起直播を始めた当初は、ずっと、鎌で刈るということを前提にしておりましたから、条《すじ》播、点播にして、田植えをしたような、正条播をしたいと思いまして、自分で手づくりの播種機を、素人ながらずいぶん苦労して造ってみたことがあるんですが、そのころに、試験場の農機具の係の方に、ちょっと知恵を拝借しようと思って行って話したりしますとね、そのころは、大型機械の時代に入っていて、農林省は、アメリカ式の大型機械を普及させようとしているとかで、どうもそんな小さなのは困るという。そこで今度は農機具の会社に行ってみると、不耕起の直播機なんかこしらえたら、二十万も、三十万もする耕耘機なんかいらないじゃないかと百姓が考えるかもしれない。それに、手づくりの直播機なんていうのは、こりゃ、いくら儲けても、一台で千円位にしかならない。福岡さんの考案したアイデアによる特許は、買い上げてはあげるが、造る意思はない、と。現在はあくまでも、田植機を早く開発して、どんどん売りたいと思っているんだし、耕耘機は小型よりさらに大型化して、値段の高いものを売ろうとする方向に向かっているんだから、それに逆行するような、不耕起直播、あるいは直播機なんかを造るということは、とんでもない話だ、というようなことを言われた。また、技術者もですね、こういう時代に、農機具の開発に逆行するような研究をしていけば、あとで退職したときに行き場所がなくなるというようなことを言って、「福岡さん、気の毒だが、こんなことじゃ手伝えないや」と言って、笑ったこともございましたが、こういうようなことで、結局今まで、私の特許は寝かされたままで、時代の要請に応じて、大がかりに無駄な研究ばかりすすめられているわけです。

農薬、肥料も同じです。こういうものの研究も、技術者が積極的に、生産者と消費者のことを考えて、肥料を開発しているというよりはですね、儲けるために、新しいものを開発して出す、ということが先行しているのであって、試験場あたりから退職して関連会社に入っている技術者っていうものは、どこまでも目先の変わった、新しい肥料、農薬を開発して、それを売るというのが目標なんです。だから、本当に農民のための農薬とか肥料とかいうものを開発してるのとはちがうんだ、という内輪話をよく聞かされるんです。

最近、農林省のある技官と話していましたら、こんな話が出たんです。温室作りの野菜がこのごろ非常にうまくない。冬出すナスビなんかに、栄養がない、キュウリに味がない、というような話を聞かされるので、この研究に着手したが、結局、ビニールやガラスの中で紫外線の通らないところで作っているから、そのようになるんだということがわかってきて、現在はいろいろな光の研究をして、ビタミンの多い野菜を作るということを研究しているというような話でした。

これなども、冬に人間は、ナスビやキュウリを食う必要があるのかないのか、ということが実は根本問題だと思うんです。それをほうっておいて、とにかく、冬という時ならぬ時に作れば、野菜が値よく売れるから、という理由だけで作ったにすぎない。そういう作り方を誰かが開発する。開発して、しばらくしてみると、それには、いわゆる栄養がないということがわかってくる。栄養がなくなれば、それを防ぎゃいいんじゃないかということを、すぐに技術者は考える。そして、栄養がないのは光線にその原因があるとなれば、すぐその光線を研究して、ぼう大な設備と機械を使って、新しい光線を照射する、そして、ビタミンのあるナスビを作って出せばいいじゃないか。もちろんそれには、資材労力が莫大にかかっているから、いままでの温室もののナスビよりは高くつく。それでもビタミン入りとか、あるいは栄養価の高いナスビと言えば、値もよく売れるだろう。売れさえして、元が引き合えば、それでいいじゃないかということになってしまう。

私はその技官に、「太陽が二つも三つもなくたって、さしつかえないんだ」といって、ひやかしたんですけれど、それでもですね、そういうことが時代の要請だといえば、技術者というものは、それに一生うちこんでやるんだ、といって話しておられた。まあ、私と話しているうちに、その先生も、「正直なところからいえば、やっぱり、太陽光線には追いつかない、というようなことを証明するのが本当の目標だ」

ともらしておられたから、私も安心したんですが、結局、人間がいくら自然のまねをして、自然を追いこすようなものを開発したつもりでも、自然以上のものは出来っこない。自然の野草以上の野菜は出来ないということです。

そして、そういう方法で出来る不自然な野菜は、食べてみてもやっぱり味は落ちるし、むしろ害になる。そういうものは、人間の、一時の欲望を満足させることには役立つけれど、人間の体を弱めて、かえってそういうものをとらなきゃいけない体質にしてしまう。そのために薬と一緒に食べなきゃいけないことになったりする。そういうことが農民を苦しめ、消費者を苦しめる材料になるだけであって、長い目で、大きな目で見た場合には、そういう身土不二の原則からも離れた不自然な食品というものを作るってことは、悲劇でしかない。だから研究者、技術者はその悲劇に手を貸す、ということになってしまっているわけですね。

自然に仕えてさえおればいい

根本的には、技術者は技術者である前に、哲学者でなきゃいけない。人間の目標が何かということをつかみ、人間は何を作るべきかということをつかめなきゃいけない。医者でもですね、何によって人間が生きているかということを、まず最初につかんではじめて、方針が決まるんです。人間が栄養配分やビタミンによって生きているんだというものの考え方が、一つの錯覚なんです。キリストが、人間はパンのみによって生きるにあらず、と、こう言ったということはですね、肉体的な動物じゃなくて、精神的な動物だというような単純なことを言ってるんではないと私は思うんです。あの言葉っていうのは、もっと、大きい、深い意味がある。人間は食品なんかによって生きてるんじゃない、一口でいえば、食品なんて考え方は、人間はすててしまってもかまわないんです。何が食品かなんてことは、結局、わからないなら、わからないでもいいんですよ。とにかく地上に生まれ、生きているという現実を直視せよ、という言葉だと私は解釈しています。

現在、人間がこの地球上に生まれているということは、生まれる動機と、条件と、因縁があって、生まれたにすぎないんです。そして、生きていくということも一つの生まれてきた結果にしかすぎないんです。何を食って生きているんだとか、何を食わなければ生きられないなんぞと思うことが、一つの、人間の思いあがりなんだ。自然にまかせておいて、死ぬはずはなかったんです。自然の力にすがってさえおれば、自然に随った生活さえしておれば、人間は生きられるようになっているんだという確信をつくることが先決であるし、それが最初の人間の生きる原点になるわけです。それを忘れてしまってですね、人間は、でんぷんと、脂肪と、たんぱく質によって生きているんだ。植物は、チッ素とリン酸とカリをほどこして、水をそこに与えりゃ、太って成長するんだと、こういうふうな単純な科学的な知識が土台になって、人間が生き、植物が生きているということを考えるっていうことが、とんでもない一つのまちがいをおかしているんです。

だから、科学者というのは、いかに自然を研究してみても、自然というものは、きわめようがない、どこまで研究していっても、自然というものは、いかに完全無欠なものであるかということを知るにしかすぎない。研究すればするほど、自然というものは神秘な世界である、ということがわかってくる。だから、それをまねして、人間がそれ以上のものを作れると思ったりしたら、とんでもないまちがいでもあるし、それは、一つの悲劇の材料を作ったにすぎない。人間は、神さまの愛っていうか、自然の偉大さを知るがために苦闘しているにすぎないんだと思います。ですから、百姓が仕事をするという場合、自然に仕えてさえおればいいんです。「農業」っていうのは、「聖業」だと言っていた。というのは、農業は神のそば仕えであって、神に奉仕する役だから、聖業だという意味だと言うんですよね。それをはなれて人間が、近代農業とか、企業農業とかいって、神の側近であることを忘れてですね、儲けるようになったときには、これはもう、いわゆる農業の原理を忘れて、商人に成り下がったということなんです。

もちろん、商人になったって何になったっていいんだけれど、そういうことは人間の本当の目標ってものから遠ざかっているということなんですね。人間の目標に近い職業として農業がいいっていうのは、一番、自然にあって、自然の中にいる。自然の中にいても、自然に気がつかないのがふつうですが、それでも、自然の中にいるっていうことは、神に近い、神に近づくチャンスの多い職業だということだと思うんですよ。自然の中でですね、日々、それこそ、

この秋は雨か風かは知らねども今日のつとめに田草とるなり

という歌がありますが、この歌なんか、実に、百姓の本当の気持ちをあらわしているんです。収量がどうであろう、儲けがどうであろう、この秋は、食べられるか食べられんかということの心配を別にしてですね、ただ、今日をとにかく、種をまく、そして、その自然の営みに応じて作物を愛

護しながら、作物とともに生活していくというところに一つの喜びがある。生きていくだけで喜びである。それを、かみしめていくのが百姓の生き方であるし、本当の百姓の源流であったと思うんです。

日本人は何を食うべきか

極言すると、農林省の役人は、ただ一つのことを知る努力をすればいいと思うんです。それは、日本人は何を食べるべきかということです。この一つのことを、追究し、何を日本では作るかということを決定すれば、それでほとんど事足りると、私は思うんです。池田元首相は、〝貧乏人は麦を食え〟という名言を吐いて、だいぶ問題になりましたが、あれを〝日本人は麦飯を食え〟と言ったんだったら、これはすばらしい発言だったんじゃないかと、私は思うんです。とにかく、何を食べるべきかということを決定せずにですね、豪州の方から、牛や馬の肉を入れるのに、どうしたらいいか、とか、あるいは、アメリカのフルーツを輸入するとかしないとか、こういうふうな問題をさかんに論ずる。何を食べたらいいのかがわからないからですね、何でも遠いところから運んでくる。魚をとりつくしてですね、深海の魚を入れる。あるいは、南方の海の方から、エビやカニをとってきて食べる、というようなことをやって、四苦八苦してるわけなんですけれども、本当に、人間は何を食べなきゃいけないか。それにまた、何を食べれば十分なのか。また、それで、どれだけ喜びというか、食物からくる楽しさというものが最高になるのかと、そういうふうな、食の種類、味、人間の食からくる喜びというものはいったい何であるか、ということを徹底的に追究していくのが、農政をあずかる者の最初の仕事であるし、それが、最後の仕事でもあると思うんです。ところが、この根本問題をなおざりにして、その時代時代に応じた、人間の欲望のおもむくままのところのものを生産するように指令を発する。そういうものの需給や流通関係だけを考えたものを農政だと思っている。そのために、技術者も、やることなすことが、ある時期には役立っても、その次の時期には無益であったというような結果になってしまうわけでして、人間の生活の最後目標などということは、考えもしない。ただ、儲けになる作物を、どこでどうして作るか、いかに多量に作るかということだけを目標にして研究にやっきになっている。本当は、技術者も、人間に役立つ作物は何であるかをはっきり認識し、その作物を作る場合に、どのようにすれば自然の力を最大限に発揮して、人間の労力を最小限にすることができるか、という研究をしなければならないんです。

昔は、百姓がどんなに楽で、どんなに楽しい農業（楽農）をするかということに役立つような研究をする、いわゆる応援をする、それがせいぜい技術者のつとめであったんです。ところが、現在は、それが反対の方向、苦農に向かっている。人間の欲望に追従した研究をして、そして、それに向かって百姓を叱咤勉励するというかっこうになってきているわけなんですね。本筋からはずれているということを感じるわけです。

農政学者も技術者もですね、南の方の国から肉を入れ、東の国からフルーツを入れるというようなことに汲々としているよりも、日本の気候風土の中でできている、食品類、こういうものを徹底的に追究してみて、それが、日本人の生命と健康に、どんなに役立っているかということを解明することが先決であると思う。

農林省の役人なんかはですね、春でもくれば、すぐに野山になんかへ出かけて、春の七草、夏の七草、秋の七草みたいなものをつんで、それを食べてみる、というようなことから始めて、実際の人間の食物の原点は何であったのかということを、まず確認する必要がある。自然食の研究などをまず出発点としなきゃいけない。ぜいたくなものを作って、それがうまいと一般に喜ばれて、それが高く売れて、百姓がもうけるという、そういうふうなことを目標にしておれば、いつの間にか、とんでもない横道にそれてしまって、すぐさま食糧危機をまねくようなことになる。また、国民の体も損われ、弱くなってしまう。そういう心身両面の崩壊というものが、食事の乱れから出発してくるということを、私たちは気がつかなければならない。

まあ、米麦とですね、野菜を食っておれば生きられる、ということになってきたら、日本の農業というものも、それだけを作っておればいいんだし、それだけ作っておればいい、ということになれば、これは、きわめて楽な、いわゆる、百姓と名のつかない、ふつうの人々でもやることのできる遊びごとの農法で、日本の食糧問題というものは、解決してしまう。もしも、みなさんがそれで満足できるとすれば、人口が倍になろうが三倍になろうが、それで、自給体制というのが完全にとれるんです。これだけ農業問題が簡素化されれば、役人や農業技術者も十分の一に減らすことができ、税金のいらない日本ができることにもなる。

これはもう、農業ばかりでなく、林業でも、日本の森林資源を、大切に育てるということよりは、豪州やカラフトの方から、アラスカの方から木材をもってくりゃ、それでこと足りるんだ、というような考え方になってくる。ということになりましたら、日本の林業の将来というものは、もう、壊滅してしまう。

なくなった百姓の正月休み

国際分業っていうのが、現在の農政経済学者あたりの、支配的な考え方なんですが、農業というのは、本来、分業で、特殊な地域で少数の者がやるべきというんじゃなくてですね、すべての人間が、自分の生命の糧を自分で作って、自分が生きているということをかみしめて、日々生きていくというのが本来であって、他人にまかせ、一部の者に作らす、あるいは、肉は、どこそこの国で作り、果物はどこそこの国で作り、魚はどこでとればいいという、国際分業論的な考え方っていうものは、全く人間の生活の原点ということを忘れた政策だといわざるをえないと、私は思うんですね。

今まで、農業というものは、小農ではだめだ、小農っていうのは原始農業だ、それから早く脱皮して、面積を拡大して、近代的な農法を営むためには、アメリカ的な、機械化された大農場経営にならなきゃいけないというのが、一般の農政学者、あるいは、技術者の考え方なんですが、これは農業だけでなく、あらゆる分野の開発ということも、すべて、その方向に進んでいたわけなんです。

ところが、今や、小よりは大でいいという観念が、根本的に反省されなきゃいけない時期にきているわけでして、大、必ずしも大ではない、小、必ずしも小ではない。むしろ、小よりは大がいい、少ないよりは多い方がいい、と欲望を拡大してきたのが、現在の世の中のゆきづまりを招いた根本原因になってるわけで、ここまでくるというと、盲目的な拡大、発展のすえは、分裂、崩壊という危機しかない。で、今日の分裂、崩壊の危機に立ってみてはじめて、拡大、強化によるはなやかな発展というものがかえって、人間崩壊につながっている、ということに気づかざるを得ない。結局、それは、自然と人間との、離反ということだけにしか役立たなかったということが分ってくる。そこで今度は、ものの発展ということじゃなく、人間を主体にして、遠心的な拡大の方向から、求心的な凝結方向に向かっての、収斂といいますか、そういう方向に向かっての進展というものをめざさなきゃならない時期にきている。いわゆる物質を追いかけて、物欲を満足させていくという方向から、物欲は犠牲にしても、求心的に、精神的な向上、発達というものをめざす、いわゆる収斂の時期に入ってきているということが言えるわけです。農業の方面でも、ただ拡大すればいいんじゃなくて、むしろ、小面積のところで、楽な百姓をやって、生命だけをつなぐ。物質生活や食生活は、最小限の簡素なところにおいておく。そうすると、人間の労働も楽になり、時間的にも余暇がふえ、精神的、肉体的な余裕ができてくる。その余裕を、物質文明ではなく、本当の文化生活というものに、高い次元の精神生活にむすびつけなければいけない。そういう時代に入ってきてると思います。

だから、百姓が大経営をすればするほど、物心両面に追いまわされて、結局、そういう精神生活から遠ざかってしまうんです。キリストは、心の貧しき者、神に近しと言った。心の貧しき者というのは、心が素朴で、さらに、物質的にも貧しいというような者の方が、もっと神に近づきやすいということです。とにかく、本当の人間らしい生活というものは、むしろ原始生活のように見える、いわゆる小農の生活の中にあって、その中でこそ、大道の研究ができるんです。最小の世界に徹底すれば、最大の世界が開けてくるというのは本当だと思います。近代農法をやっておって、詩や歌やなんかをひねったり、書いたりする暇はでてこない。

昔の五反百姓は、貧農やなんかといわれながらも、年末がきて、正月があけたら、もう、やる仕事がなくて、一月、二月、三月は、山のウサギ狩なんかにばかり出かけておった。それだけの余裕があったんです。だいたい、正月というのが、昔は三ヵ月もあった。これが二ヵ月になり、一ヵ月になり、そしてもう、十五日がきたら、正月は終わりだといって、注連飾《しめかざり》をのけるようになったのは、つい近年のことなんです。それがさらに、その十五日も廃止されて、このごろは、三日の正月になってしまった。その、三日の正月も、農村では、三日間丸休みすることがほとんどなくて、二日になり、一日になっているわけなんですよ。それほど短縮されてきた。

正月の休みの長さだけを見ても、これだけ短縮されてきたということは、百姓が、非常に忙しく、心身共に余裕がなくなってきているということなんですね。

で、先日も、私は驚いたんですが、村の小さな神社の拝殿を掃除しておりましたら、そこに額がかけられておるんですよ。それを見るというと、おぼろげながら、俳句が数十句、短冊のような板に書かれているんですね。このちっぽけな村で、二十人、三十人の者が、俳句をつくっていて、それを奉納していた。多分、百年か二百年ぐらい前だと思うのですけれど、それだけの余裕があったんです。そのころのことですから、貧乏農家ばっかりだったはずですが、それでも、そういうことをやっていた。

現在は、この村で一人だって、俳句なんかつくっている余裕はないわけです。で、冬の正月でもよほど好きな人が、正月休みの一日か二、三日、かくれて鉄砲もっていって、ウサギ狩するという程度なんですね。レジャーなどと言ってもテレビが主体で、生活と密着した遊びの時間というものが、今の百姓には全くなくなってしまっている。これなんかは、いわゆる農業が、物質的には発達したように見えて、精神的には貧弱なものになってきている一例といえるわけです。

老子は、小域寡民というようなことを言っていますが、小さなところで生きていたのでいいんだという考え方なんです。達磨さんも、一ヵ所に坐りこんで九年間も生活できたほど、ばたばたはしなかった人なんですが、人間はそれでいいんだと思います。百姓が日本中を股にかけて儲ける作物を作ったり、送ったりするというようなことは、本来のやり方ではない。もう、ここに坐っておって、この小さなところで田畑を耕して、そして、その日その日の最大の、余裕のある時間というものを獲得するような農業っていうのが、むしろ、理想の農業であったはずなんです。

共同体の中で息づく自然農法

だいたい私は、労働という言葉がきらいなんです。別に、人間は働かなきゃいけないという動物じゃないんだ。働かなきゃいけないということは、動物の中でも人間だけですが、それは、もっともばかばかしいことであると思います。どんな動物も働かなくて食っているのに、人間は働いて食わなきゃいけないように思いこんで働いて、しかも、その働きが大きければ大きいほど、それがすばらしいことだと思っている。ところが、実際は、そうではなくてですね、額に汗をして勤労するなんてことは、一番愚劣なことであって、そんなものはやめてしまって、悠々自適の、余裕のある生活を送ればいい。まあ、熱帯にいるナマケモノのように、ちょっと朝晩出ていって食物があったら、あとは昼寝して暮らしている、こういう動物の方がよっぽどすばらしい精神生活をしてるんじゃないかと思うんですね。

こういうのがむしろ将来の農業の方向であるし、その方向へもっていかなきゃいけない。私が言っている国民皆農といいますのも、小さな村に住んで一生そこですごして、それで満足できる人生観を確立する。こういう方向にもっていくのが私の目標でもあるし、現在、私の百姓仕事を手伝ってくれている青年が、七、八名、山小屋の中で共同生活をしておりますが、これらの青年の、一つの夢というのも、やっぱり、何とか百姓になって、新しい村づくりというか、部落づくりというか、そういうものをやってみたいという目標があるわけです。で、その手段として、何をやるかといえば、当然、自然農法以外にはないんです。それで、ここの自然農法を修得して、生きていくための技術を身につけると共にですね、人生の目標とは何か、人生の意義とは何か、本当に価値のあるものをさがしあてたい、というのが、うちの山に来ている連中の考え方なんでして、農業を実践して、そういう方向にすすんでいこうとしているわけなんです。

全国的に見ましても、いろんな共同体ができております。ヒッピーの寄り集まりといえば、そういうふうにも見える、あの鹿児島県の屋久島や諏訪瀬島《すわのせじま》の連中、こういうふうな連中は、自然の中にとびこんで、そこで生きていくことの喜びだけを享受しているような団体ですが、こういう団体もあれば、また、三重県の山岸会のようにですね、みんなが共産的な生活をして、その中から、新しい農民像というものを見つけ出そうとしているような団体もあります。あるいは、青年たちが五人、十人とグループになって、山の中に入って、一つ何とか、共同体をこしらえてみたい、という連中もいますし、また、インドへ出かけていったり、あるいはフランスのガンジー村へ行って、そこで生活してみたり、あるいは、イスラエルの共同体なんかに奉仕に行ってみたりして、いわゆる新しい人間家族というか、部族というか、そういうものを作ってみたいと言う者もいますが、これらは現在の世界では、きわめてささやかな団体でもありますし、その活躍というものも、ほとんど、とるに足らないといえば足らない、ひとにぎりの人たちの運動ではありますが、こういう運動っていうものは、やっぱり、次の時代を先取りしている点があるのではないかと思うわけでして、こういうところで、現在、急速に自然農法のやり方というものを、とりあげていこうという気運が盛りあがってきております。また独りで自給自足できない団体では何もできないでしょう。

また、いろんな宗教団体もさかんに、昨今、自然農法をとりあげてですね、真剣に、それにとりくんで実践してみよう、ということになってきております。これは、もちろん、公害問題あたりがきっかけになっている点もありますけれど、もっと大きく、根深いものがありまして、人間本来の姿を追求していれば、どうしても、食から入らなきゃいけない。正しい食をとって、そして、正しい日常生活をしていくことが、正しい思想というか、悟りというものをひらく道になるということ

自然農園内の山小屋

自然農園に集う各国の青年たち

を感じておるから、それに対して、自然農法から出発しなきゃいけないということになってきたわけです。

現在、その気運は、非常に盛りあがってきて、さかんに、こういう共同体、あるいは宗教団体の交流というものが始まっています。で、この宗教団体、あるいは、そういうふうな、哲学的な考え方をする青年たちの交流の中から生まれてくるものが、将来、世の中を動かす原動力になり得るんではなかろうかと思っています。

自然農法と有機農法

宗教団体の中で、もっとも早くから、私と接触し、また、自然農法というものを、おもて看板にして活躍しているのは、熱海に本部がある世界救世教なんですが、この、世界救世教の自然農法部門を担当しておりますのが、榊原忠蔵さんと、故露木裕喜夫さんたちで、こういう方たちは、よくうちに来ておられました。ところが、宗教団体がとりあげる農法ということになると、自然が作るというより、神様が作ってくれる、神様の力におすがりするというような、何か、神がかり的に見えるものですから、従来は、一般の人や農業関係者は敬遠するというのが実状だったんですが、私は神道、仏教、キリスト教の区別をつけないので、どなたとでもおつき合いしておりまして、どの宗教にも所属しておりません。お山の大将、一匹オオカミで終わる男でしょう。しかし、それでかえって、どこで誰がどんなことをやっているか、よくわかります。

数年前でしたか、東京で、農業協同組合の総会があり、その時よばれた講師は、私と、植物生態学の宮脇昭先生、それから、奈良県五条市の梁瀬義亮先生などでした。この総会の席で、その頃問題になりかけていた食品公害の問題を、いろいろな方面から、三人三様の立場で話したわけですが、そのあとで、四国のへんぴな所で、私ひとりが自然農法やっているだけでは、どうにもならないから、どこか日本の中央で、梁瀬先生のところでも、農場を開いて、自然農法の研究をしてもらったらどうかという話が出て、そのとき司会をしていた一楽さんあたりも、面白いでしょうと賛同したわけです。

一楽さんというのは、先ほどもちょっと出ましたが、一楽天皇といわれて、農協随一の実力者だった方で、現在は、農業協同組合の外郭団体としての農業協同組合経営研究所の理事長をしておられるんですが、この一楽さんと私とが、その席で会って、非常に思想的な点で、あるいは具体的な例において、共鳴するところがありまして、いろいろ、あとでも話が弾み、それからのおつき合いも続いているんです。

それからしばらくして、自然農法の研究団体をつくろうというような話が出てまいりまして、その後、同所の築地文太郎さんあたりが中心になって、企画をねり、つくられたのが、有機農法研究会なんです。

この有機農法研究会というのは、一楽さんたちの呼びかけに応じて、大学の農学部の先生方、先般亡くなられたんですが、よく、うちに、田圃の調査などに来られた東京農大の横井利直先生のような土壌肥料学の先生方が中心になり、学者と、試験場や宗教団体に属する人たち十数人が発起人になってつくられた会なんです。有吉さんの小説以来、一躍注目されて、その活躍が期待されています。

私は、横から、その成立を見守っていた方なんですが、最初の、この会の名前を、有機農法にするかどうかというときに、相談を受けて、私は、有機農法というよりも「自然農法」ではだめなのか、と言ったら、これはやっぱり宗教くさいからやめておいて、イギリス、フランスで使われている、有機農法という言葉を使いたいということで、有機農法という言葉を使った。もちろんこれは、有機、無機の、有機ではなくて、総合した農法という意味で使えばいいだろうということで、本質的には自然農法と同じものだからということなので、この名前を使ったわけなんです。

しかし私はそのとき、一抹の不安っていうか、危惧はもったんです。といいますのは、有機農法というものの考え方の根底にですね、少しもの足らないものを感じたのは、事実だったんです。この有機農法研究というのは、フランスで生れたもので、こういう団体ができておるわけなんですが、これは、西洋人のものの考え方、科学的な農法に対してですね、西洋人の中にも、不安感をいだく人が出てきて、東洋の思想にあこがれて、東洋の農法がむしろ参考になるんじゃないかという考え方をもってきて、有機農法研究会を作ったというのが事の起こりでありまして、その師匠というのは、むしろ東洋であった。そしてその、有機農法の具体的な内容というのを見てみますとですね、これは、むしろ日本人の農学者が研究し、日本の農民が実践してきたところのものと、ほとんど違わない。日本の農民が、この、明治、大正にかけてやったのは、どういう農法かといえば、有畜の堆肥重点主義とでもいえるようなものでした。そして、経営状態は多角経営であって、集約的経営でありました。この多角的農業というものが、今の複合経営という言葉に変わり、あるいは有畜の堆肥の重要な意味というものを知っておって、堆肥を使えば、米は自然に出来る、麦は自然に出来る、というのが一般的な考え方でした。そして、わらを大事にして、粗末にしないで堆肥にし、田に返してやるということを徹底してやった。技術者も、そういう有機物、堆肥の研究などには、ずいぶん力を入れてやってきて、普及奨励もしてきたんです。で、この畜産と、それから作物と人間と、この三者を一体にしたところの農業というものが、従来の日本の農業の主流をなしていたわけです。

これをまねたのが外国の有機農法であったともいえるわけです。先般、フランスのパリにある有機農法の本部の人が、築地さん達と一緒に山へのぼってきまして、そこで、一日話しあったことがあります。向こうの事情を聞きますと、今年あたり、世界的な規模の有機農法研究会をやろうとしているとのことで、その会議の準備という意味で、世界中の有機農法、あるいは自然農法の実情を調査して歩いているんだという話でした。私はそのとき、自分が実践してきた、今までの自然農法の研究の経過などを話したんです。それから、向こうのやっている有機農法の批判などにも、ふれてみたわけです。

そのときに言ったことは、結局、有機農法は、聞いた範囲内では、西洋哲学の考えに出発し、科学農法の一部にすぎないのではないか、と。科学農法と次元が同じである、と。もちろん、結果的に見て、実践していることがらそのものが、昔の堆肥農業と変わらないということは、科学的農法の一部と見られやすい。日本の自然農法、私が考えている自然農法というものは、実をいうと、いわゆる科学農法の一部ではないんだ、と。科学農法の次元からはなれた東洋哲学の立場、あるいは東洋の思想、宗教というものの立場からみた農法を確立しようとしてるんだ。自然農法の中にも、強いていえば、仏教でいう大乗的な自然農法と、便宜的な小乗的な自然農法がある。実践の上からいうと、小乗的な科学的自然農法でいいけれど、最終の目標っていうものは、単に作物を作るだけじゃなくて、人間完成のための農法になってなきゃいけないんだ。そういうことになると、一つの哲学革命である、宗教革命である、というようなことを話しましたら、そのフランス人は理解もするし、非常に感激して喜んで帰ったんですが、ただ単に、有機物をやればいい、家畜を飼えばいい、そして、それらの三者が一体になったような農業というのが、一番いい農法である、という程度の考え方にとどまるのであるとすれば、この有機農法というものは、自然農法というものの主旨は維持できないのではないか。時がくれば流されてしまう科学的な次元の一農法にしかすぎないのではないかと思ったわけなんです。

自然農法の使命は何か

私はやはり、どんな時代が来ようが、過去においても未来においても、不動の位置を保っていて、農業の源流としての原点に立った農法というのが自然農法であると思っています。どんなに科学農法が発達して、横へそれたり右へいったり、左へいったりして、発達していっても、常にその源流となるのは、自然農法というものであり、いつも、その自然農法を内蔵した農法というものが、外形的に発達するのにすぎないのであって、発達しすぎると、また自然のふところの中に帰ってこなければいけないし、また、それを迎えるところが自然農法である、というように思っているわけです。

ですから、自然農法というのは、農業を指導する父でもあるし、それを迎えるところの母でもあります。哲学は万学の母であるということを言いますが、自然農法というものは、人間のあらゆるものを包括したところの、原点の農法である、というふうに思っておるんです。そういうものを確立したいんです。そして、早く、この現代の科学文明のいきづまりを打開する出発点としての基盤まで、もっていきたいと思っているんです。

自然農法というものは、もう、何千年の昔から存在し、そして、現在でも農業の源流としてあり、将来においても、やはり、農業の究極目標として残っていく農法だと思います。それで結局、時の流れでいうと、原始農法に見えたり、現代農業の先駆の役目を果たしてみたり、あるいは、未来を先取りした農法にもなる。まあ、一口にいえば、変化自在で、しかも縮小も拡大もしない、不動の一点である、と。これから外れて、右に左に、あるいは近代とか、非近代とかいったり、科学であるとか、非科学的であるとかいって、ゆれ動いている農法が科学農法ですが、自然農法というものは常に不動で、それ故に、無限の生命をもっているわけです。過去でいえば、鳥は種も播かず、田も耕さないじゃないか、それで、しかも食っていける。人間はパンのみによって生きているんではないというような言葉をキリストが語っている。お釈迦さんがやっていたのも、やっぱり自然農法であるし、インドのガンジーがやっていたのも、無手段の手段っていうか、達磨の無手勝流です。無抵抗の農法、それがおのずから、もう、自然農法になっていると思うわけです。

老子が無為自然と言った、この一言を見ても、老子が百姓であれば当然、自然農法をやっていたと思われるわけです。

日本で現在、宗教団体、あるいは色々な共同体、キリスト教系の学校、修道院などで自然農法を始め、これからも、それを伸ばしてくれると期待されますが、その上に最近は、農業技術者がですね、さかんに、自然農法というものを見て、それをヒントにして農業の未来っていうか、農業技術の反省っていうのを、京大の農経学の坂本先生が中心になってとりあげ始めた。これは非常におもしろいというか、農業の原点に立ち帰れる時期がいよいよきたんじゃないか、というような感じも持つわけでして、また、そうならなければ、人類の未来というものも明るくならないと思います。

今までは、ああすればいい、こうすればいい、といって手を下す、それが発達だと思って盲目的に前進し、自然と闘争してきた科学というものが、ここらあたりで立ち止まってですね、私が米作り、麦作りでやってきたように、ああしなくてもよかったんじゃないか、というような方向を探求して、何もしないということをやることが、唯一の人間のなすべきことである。人間は何もしなくてよかったんだ。ただ生きていくだけで、そこに大きなよろこびがあるし、幸せがあったんだ。何かを獲得することによって、よろこびや幸せがもたらされるものでない、ということを知るようになってくれれば、自然農法の使命というものも、おのずから達成されてくると思うんです。

とにかく、自然農法を人間生活の起点にして、はじめて、本当の人類の幸福、未来の展望が開かれてくると思うんです。私は山小屋に、正食、正行、正覚という言葉を落書しておりますが、この三つは、きりはなすことのできないものであります。どの一つが欠けても、何一つ達成できない。その一つができれば、すべてのことができる。そして、この三つを達成する、その第一の出発点、誰でもができる、しかも実行可能な出発点が、自然食と、この、自然農法だと思っているわけなんです。

しかしその前途は多難で、絶望的だとも言えます。

第四章　緑の哲学
——科学文明への挑戦

わかるが、わかっていない

農業の源流が忘れられ、百姓らしい百姓が、何も言わず、抵抗するすべも知らず、消えて行くようなこのごろ……。

「なんでもよい、日々の茶話を」と言われ、日ごろの百姓同士のうっぷんばらしでもできればと思い、つい引き受けてはみたが、困ったことになりそうである。

というのは、元来私は、一切無用論者で、人間は、無知、無価値、無為、何も知らず、何をやっても徒労に終わると主張してきたのであるから、今さらものを言ったり、書いたりするわけにいかない。しいて書くとすれば、書くのは無駄だということを書くしかない。因果な話である。

秋の夜は長い。いくらこの世の風向きが変わってきたからといっても、百姓の無駄話や愚痴話におつき合いをお願いするほどの勇気はない。

といって自分の過去を書くほど老いぼれたくもなし、未来を予言するほど偉くもなし、結局現在の日々の出来事を火種にした炉辺談話でお茶をにごすことになりそうである。

道後平野を南にのびる国道が、山間にかかった所で、川の向うの丘の上のミカン山に、二つ三つの山小屋がある。

そこには、都会から脱出してきた青年達が集まって、原始生活をしている。

電灯や、水道はない。谷の水をくみ、ロウソクの下で、玄米、菜食、一衣一椀の生活をしている。どこからか来て、何日か滞在し、いつか自由に飛び立って行く。

大体自然の懐で、静かに自己をみつめたいという型の若者が多いが、農民志願兵、ヒッピー、渡り鳥、学生、学者、フランスの巡礼、玄米食のアメリカ人、老若男女、千差万別である。

私の役目は、山のふもとの茶屋の番人というところで、往き交う旅人にお茶を出し、また野良仕事を手伝ってもらいながら、世間話を楽しんでいるわけである。

と言えば聞こえはよいが、実際はそんななま易しいものではない。私が〝何もしない自然農法〟を標榜しているので、寝ていて悠々自適の生活ができる理想郷と思って、来てみてびっくり。早朝からの水汲み、薪割り、泥まみれの大変な百姓仕事をみて、早々に引きあげる者もいる。

今日は、俄か大工の若者を叱咤して、おもちゃのような小屋を建てている所へ、千葉の船橋から一人の娘さんが登って来た。

どうして来たのかと尋ねると、

「何もわからなくなって……ただなんとなく来たのですが」と言う。

女の子は、おとぼけがうまいので油断がならない。

「わからないということがわかって（悟る）おれば、何も言うことはないが……。世の中のことがわかる（分別）に従って、わけが判（判断）らなくなって、行きづまったのではないかな」と言うと、そういえばそうです、と素直に答える。

「あなたは、わかるということが、どういうことか、鮮明に理解できていないのではないかな。

どんな本を読んで来たのか」と聞くと、首をふって、書物を読むことに反抗する拒否反応の顔をした。

「わからないから勉強するのではない。勉強してわかるのではない。〝人間は知ることができない〟〝わからないものである〟ということを知るために勉強するのだ。

大体、わからないという言葉は、九つわかって、一つわからないとき出る言葉と思われているが、実は人間は、十わかったつもりでも、一つもわかっていないのが本当である。ただ分別し、判断し、分解して解釈したにすぎない。百花を知って、一花を知らず、わかった、わかったといいながら、何もわからないまま死んで行くのが人間だ。

人間がものを分別して、知って、わかったと思うわかるは知識にすぎず、知識がふえると疑問がふえて、ものがわからなくなるだけである」

若者等は草に腰をおろし、空を見上げている。

「誰でも、大地から目を空に移して、天を見たと思っている。ミカンの緑の葉の中から赤い果実を分別して、緑の葉を、赤の色を知ったという」

この世に相対するすべての事を分別して、知ることによって、ものがわかったと思っているのであるが……。天文学者は、天文学的な天を知り、植物学者は、植物学的な葉と果実を知り、詩人は、美的緑と赤を知ったにすぎない。自分の脳裡で解釈しうる範囲内の映像を把握したにすぎない。本当の自然そのもの、大地や空、緑や赤を知ったのではない。人間は何一つ知り得ないまま、自然を知ることができる、自然を活用することもできると考えているのである。

ひとたび自然から離脱した人間は、もう自然を知ることも、自然に還ることもできない。

「本当の自然（もの）を知っているのではないという証拠は？」と、青年の一人の声である。

「人間は自然を壊せても、自然をつくることはできない。子供が玩具をいじって壊すようなものである。

人間の知恵は、いつも分別に出発してつくられる。したがって人知は分解された自然の近視的局部的把握でしかない。自然の全体そのものを知ることはできないで、不完全な自然の模造品を造ってみて、自然がわかってきたと錯覚しているにしかすぎない」

「自然を本当に知るすべは？」

「人間は、本当に知っているのではないということを知ればよい。人知が不可知の知であることを知れば、分別知がいやになるはずである。分別を放棄すれば、無分別の知が自ずから湧く。知ろう、わかろうなどと考えなければわかるときがくる。

緑と赤を分ければ、その瞬間から真の緑や赤は消える。天地を分別すれば、天地はわからないものになる。

天地を知るためには、天地を分けず、一体としてみるしかない。天と人の融合である。統一、合体するためには、天地に相対する人間を捨てる、自己滅却以外に方法はない」

「利口になるより馬鹿になれということで」と、したり顔の青年に、私はどなりつけた。

「君の目には馬鹿が利口に映るかな。君は自分が利口か馬鹿か本当にはわかっていないままに、馬鹿という名の利口者になろうなんて、安易に考えているのではないかな。

自然は凝視してもわからない。ぼんやりみていたのでは、なおわからない。分る、分別する、判断する、理解する、どの言葉も本当にわかる（悟る）ことではなかったということがわかるまでは、血の出るような追究が必要になろう。利口にもなれず馬鹿にもなれず、立往生しているのが君の姿じゃないのか」

いつの間にか、自分自身のわけのわからぬ言葉の繰り返しに腹が立ってきた。

秋の日はつるべ落し、はや老木の下には暮色が迫り、瀬戸の残照を背にして、無言で帰る若者達の影に、私も黙って従うしかなかった。

お馬鹿さんは、だあれ

人間は万物の霊長で、人間ほど利口な動物はないという。

知恵をつかった、壮大な核戦争ができるのは動物の中で人間だけである。

第一、馬鹿を笑うことができるのは人間だけである。

先日、大阪駅前の自然食の主人が、七福神のような七人づれで山に登ってきた。昼下り、山小屋で即席の玄米雑炊をごちそうしている時、その内の一人が次のような話をした。

いつも小便してゲタゲタ笑ってばかりいる子、二人で馬乗り遊びをするが、いつも下で馬にばかりなる子、うまいことだまして食べものを取り上げる利口な子と、知恵遅れの子供の中にも差がある。クラスの委員長を選ぶ前に、先生は予め、利口で他人の世話のできる指導者とはどういう子か、こんこんと教えておいて、選挙してみたら、何べんしても小便小僧が当選した。先生はつくづく考えた末、この子供達の世界ではそれなりの考えがあるのだろうと結論づけたという。

みんなどっと笑ったが、私はなぜ皆が笑うのかわからない気がした。私には当然のことに思えた。下で馬にばかりなる子供が損をしていると見るのは、損得を考える利口者の考えることである。多くの者を統率できる子を先生は偉いと見たが、この子供達は他人を拘束する、わる賢い友達としかみていなかったのだろう。

人の世話ができ利口なのが偉いと思うのは、偉いを偉いと思う大人の言うことで、この子供達には名誉も偉さも無縁である。

平常何もせず寝て食って、立ち小便の壮快味に快哉を叫び、何のくったくもないものこそ最高の偉いやつと映るはずである。何もしない奴ほど偉いやつはない。小便小僧を委員長という王様に推薦したのは当然である。

田舎で「器用貧乏村宝、隣の阿呆に使われる」という言葉がある。阿呆は何もせず、隣の器用な利口者を呼んでは手伝ってもらい、口でほめあげ、腹でゲタゲタ笑っているのである。代議士先生とたてまつっていて、落選すると、小便たごをかつぐのは俺の方がうまいと自慢するのが百姓である。

イソップ物語に、蛙たちが指導者のいないのを寂しがり神様に王様を請求したら、神様は丸太ン棒を与えた。このでくの棒を馬鹿にした蛙たちが、もっと偉い王様をと申し出たら、神様は一羽の鶴をよこした。ところが鶴は蛙をつつき殺してしまったという話がある。

先頭に立つ者が偉いと、あとに続くものはしんどい。馬鹿を先頭に立てておけば、後の者は楽だった。

日本人は強くて、太くて、早ければ偉いと思っている。だから一国を引っぱる総理もデゴイチの機関車のような人を選ぶわけである。

「どんな人を総理に選べばよいかな」

「でくの棒か、達磨さんより他にない」私は言った。

「世の中に、手も足も出さないでにらんでばかりいる大馬鹿さんてすばらしいじゃないか。彼は何も言わなかった。何もしないで平気で壁に向って九年も坐っているほどののんびり者である。どんな馬鹿や子供の相手にもなるが、自分では手を出さない、つきころがせば簡単にころぶ。無抵抗の抵抗で必ず起きあがる」

「何もしないだけでは、この世はどうにもならぬではないか。発達のない世は……？」

「なぜ、どうにかせねばならぬのだ。経済成長五％より十％の方が幸福が倍加するのか。成長率がゼロ％でなぜ悪い。それがむしろ不動の経済じゃないのか。

達磨さんは、ただ手も足も出さないで坐食していたのではない。手も足も出してはならない事を知って、手足を出したがる人間をにらみつけていたのである。

何もせず寝て暮らせたらこれに越した事はないではないか。何もしないで平気でおれる人間を造り、何もしなくてもよい社会ができたら、これ以上の社会はない」

「そんなことは理想で、人は坐食していては生きられない。何かせねばと思っている」

「人間は知ることができ、自然を理解し利用し、人間に役立てることができると信じて何でもかんでもやってきた結果が、確かに自然を破壊し人間を卑小化し現代の混迷をまねいた。しかしながら、人間は何もしなければ、生きられず、生きがいもなかったのではないか」

「この自然農園では、土を耕さず、肥料を施さず、農薬無用の農法を実践していて、強大な稲、おいしいミカンを作っている。原始生活の中に詩があり歌もある。それが何もしないでよいと主張される根拠ですか」

「ああだ、こうだと解釈し研究して、ああすればよい、こうすればよいと言いだした時から百姓は忙しくなった。

私は何もしないのを目標にして、ああしなくてもよかったのではないか、こうしなくてもよかったのではないか、という方向の研究ばかりしてきた。その三十年の結果が、不耕起、無肥料、無農薬の米作りである。緑肥の中に籾種を播いて、わらを振るだけの作り方である。百姓はほとんど何もしなくてよかった。一事が万事である。

人類の未来は、何かをなすことによって解決できるのではない。自然はますます荒れはて、資源が涸渇し、人心が不安におののき、精神分裂の危機に立つのは、人が何かをなして来たからである。何をすることもなかった、してはならなかったのだ。人類救済の道は、何もしないようにしようという運動でもする以外に方法がないところまで来ている。

発達より収縮、膨張より凝結の時代が来ている。科学万能、経済優先の時代は去り、科学の幻想を打破する哲学の時代が到来している。なんて言いだすと、達磨さんが黙ってにらんでいるようだ。達磨さんとにらめっこするしかない。笑った方が負けである。笑いごとではない」

私は保育園に行くために生まれてきた

皆んなと草刈りをしているところへ、一人の青年が小さな袋を肩に、ぶらぶらと登ってきた。

「どちらから」

「あっちからです」

「どうして来たの」

「歩いて来たのです」

「何をしに」

「それがわからないのです」

大体この山に来る連中は、名前や過去などを早速のことに言いたがらない。目的も明らかでない。わけがわからなくなって来るといえば来るのが多いのだから、当然だろう。

もともと人間はどこから来て、どこへ去るのか知らない。母の腹から生まれて、土の中に帰るというのは、生物的把握でしかない。

生まれてくる前がどこで、死んだあの世がどんな世界か知っているのではない。

わけもわからずに生まれ、目をつむって永遠の世界へ去ってしまうのだから、かなしい動物である。そこを知りたがる若者が来る所かもしれない。

先日、四国遍路に来たフランスの巡礼団が残していったすげ笠には、「本来無㆓東西㆒、何処有㆓南北㆒」と書いてある。

ぼんやりその笠をみながら、青年に、

「西も東も無い。太陽が出る方が東、沈む方が西というのは、天文学的認識にすぎない。西も東もわからないという認識の方が、少しは真実に近い。どちらから来たのかわからないという方が正直なのだろう」

聞けば、彼は金沢のお寺の息子で、死人にお経ばかりあげるのは馬鹿くさい、百姓になりたいと言う。

このような青年にお説教はできない。草を刈る彼の手もとをみながら、彼がぼつぼつ話す話に私は耳を傾けた。

「犬が西向きゃ尾は東、簡単明瞭な世でありながら、この世ぐらいむずかしい所もない。

東も西も無い、と弘法大師はいう。万巻のお経の中で一番ありがたい、大事が書いてあるとされる般若心経の中で、お釈迦さんは、〝色即是空、空即是色。物質も精神も一つ、しかも一切は空なり。人間は生きているのでもなく、死んでいるのでもない。生ぜず滅せず、老いも病もなく、増えもせず、減りもしない〟と断言している。全くやけくその言葉である。

増えもせず、減りもしないなんて言葉は、実業家や成り金が聞けば、腰を抜かす言葉である。病気が無いのなら医者がいらぬとなる。お釈迦さんはこの言葉はウソではない、本当に真実だと繰り返して保証している。このウソは本当だろうか」

「昨日、稲を刈っている時思ったのだが……」と言って、私は青年達に話すともなく次のような話をした。

「稲は、春、種が播かれて生命の芽を出し、今刈られて死んだように見えるが、来る年来る年、年々歳々これを繰り返しているということは、毎年生きつづけているということであり、年々の死は即、年々の生であり、どっこい稲は永遠に生きていた、とみてよい。

とすれば、人間が見た生と死の現象は、近視眼的視野からの、一時的認識でしかない。

この草にとって春の生と、秋の死はどのような意味があるであろうか。人間は生を歓びと思い、死を悲しむが、草の種子は、春、土の下で死んで芽を出し、秋、草の茎葉などは枯れはてても、小さな子実の中に充実した生命の歓びが潜んでいる。生命の歓びは死に絶えることなく、永遠に生きつづけていて、死は刻々の死でしかない。この野草に、生命の歓喜はあっても、死の悲しみはなかったと言えないいか」

「人間の肉体の中でも、稲麦と同じことが繰り返されている。日々髪の毛がのび、爪がのび、幾万個の細胞が死に、生まれ、一ヵ月前の私の血は今日の私の血ではない。自分の一個の細胞が、いつの間にか子や孫の体の中で増殖していると思えば、日々死んでいて日々生まれているとも言える。

この生々流転が、そのまま心の感情と結びついて（具象即心象となる）いるのであればいうことはないのだが、人間は日々の生を生として喜ばず、死の直前になってはじめて生に気付いて生に執着し、生への執念が、死の恐怖となってあわてふためいたりする。あるいは過ぎ去った過去や死後の生死のことばかりを気にして、今日生きていることを忘れてぼんやり一生を過してしまうということである」

「現実に生死があるとすれば人間の悩みも必然ではなかろうか？……」

「ところでお釈迦さんは、生死《しょうじ》はないと言った」

「なぜそんな事が言えるでしょう」

「色即是空、物（色）の実在を認めるのは人間の心、精神《こころ》（空）、人間の心はまた人間の肉体の所産とすると、物即心、心即物（空即是色）といったとて差し支えなかろう。お釈迦さんの目には物心は一つである。しかも問題は次である。一切は空なりと物も心も一切を否定してしまった」

「否定するというのは」

「人間の世界が物と心でできていて、人間の心があらゆる物象を分別して陰陽だ、有無だ、実在だ、虚有だとしてきた。生と死、増減、老若もいわば心の所産である。物があって人間がこれを認め、心が確認してはじめて物が人間の物になったとも言える。

当然、物象、生死、増減にまつわって起こる喜怒哀楽の人間感情も、もとより人間の所産となる。森羅万象が人間の心象であり、心に発し心に還る。釈迦が一切を否定したということは、人間が所有する一切のものの価値を否定すると共に、人間の知恵、感情一切が空しいものであることを喝破したんだ」

「それでは後に何も残らないではないですか？……」

「残らないのかな、空なりという一字が残る。……君はどこから来て、どこへ行くのかわからねば、今ここに居ることが確認できないのかな、私の前にいる君は意味ないむなしい存在か」

「……………」

「先日電車の中で、若い二人の母親がしゃべっていた。〝今朝四歳の女の子に、お母さん、私がこの世に生まれてきたのは何のため？　保育園へ行くため？　と迫られて困りましたわよ〟と」

「まさかそのお母さんは、そうだよ保育園へ行きなさい、とは言わなかったでしょうが、それにしても人間は何のために生まれてきたのだろうか」

「ところが今の人間は、保育園へ行くために生まれてきたといってもよいのである。保育園から大学まで行って、人間は何のために生まれてきたかを学ぼうとしているからである。それさえわかれば一生を棒にふっても満足だというのが大学者だ」

「馬鹿馬鹿しい」

「馬鹿馬鹿しいと子供にわかることが、大人にはわからない」

「というと？……」

「人間には初めから目的などなかった。ありもしない目標を夢想して、苦闘しているにすぎない。人間の独り角力《ずもう》である」

「本当に人間に目標はないと断言できますか」

「真の目標（人間だけのものでない）は前方にあるのではない。以前にはあった目標を見失った人間が、前方に目標を探しに出かける必要はないと言っているのだ。人間が考えて探さねばならぬ目標などはない。

子供にたずねるがよい。空はからっぽか、目標のない人生は無意味か
「人間が勉強して目標を探すより、何のためにこの世に生まれたのかという風な疑問、迷いがいつから人間に湧いたかをふり返ってみることが、先決だということですか」

「保育園に行き始めた時から、人間の憂いが始まる。人生は楽しかったのに人間は苦界を造り、苦界脱出を願って苦闘する。

自然に生死《しょうじ》があって、自然は楽しい。

人間社会に生死があって、人間は悲しい」

行雲流水と科学の幻想

今日は川でミカンの貯蔵箱を洗う。秋の水はもう冷たい。腰をのばすと川堤の紅葉したハゼが澄みきった青い秋の空をバックにして美しく映えている。無造作ながら飄然としたその枝ぶりの見事さに驚嘆する。

何気ないこの小風景の中にも現象界のすべてがある。流水の中に時の流れ、早い遅い、遠近、右岸左岸、大小、軽重の岩、照る日曇る日、紅葉と青空、正にもの言わぬ経典である自然と人間がある。その人間は考える葦《あし》である。

ひとたび自然とは何かを問いかけると、何かとは何か、その何かと問いかける人間は何かと、とめどもなく人間は無限の疑問の世界に直面してゆく。人間が驚嘆する自然とは何か、何を驚嘆したのか、この何かを解明しようとする時、二つの道がある。一は何かとの疑問をもった人間自身を凝視してゆく方向と、二は人間が対象とした自然を解明してゆく方向である。

前者は求心的で哲学となり宗教の世界に入る。後者は自然科学の道である。

宗教は無分別の世界である。ぼんやりみれば、水が上から下に流れるのは不自然でなく、水は静止し橋が流れると言っても矛盾でない。

だが分別して自然現象としてこの風景をみれば、流水の速度、力、波、風水白雲、すべて疑問の対象になり疑問は無限に広がる。

萩の葉に結んだ一滴の露に濡れた、濡れなかったといっているぐらいならこの世は簡単だったが、一滴の水を科学的に解明しようとした時から人間は無限の知恵地獄に陥る。

水の分子は酸素と水素という二つの元素からなる。この世の最小の単位が原子かと思っていたら、原子の中には原子核があり、その原子核の中にまた素粒子という物質がみつかった。その素粒子には幾百という種類がある等々、微細の世界の追究はとどまるところを知らない。

素粒子が原子核の中を超高速度に飛び回る状況は、あたかも大宇宙を流星が飛びかう状況そっくりだという。極微の世界と思った素粒子の世界が、原子物理学者の目には大宇宙の世界であり、最大の宇宙と思った小宇宙の外に無数の大宇宙があるなどと言い出すと、天文学者の目には大宇宙もまた極微の世界になる。

問題は、水滴は小さく、岩は不動だと思っている人々は幸せな馬鹿で、水滴は巨大な大宇宙で、岩石は素粒子が流星のように飛びかう激動の世界であることを知った学者は利口馬鹿であるということである。

この世を単純にみれば簡単明快な世であり、むつかしくみればむつかしい複雑怪奇な世になるということは重大なことである。

麻糸を解くつもりで縺《もつ》れさしたら人々は怒《おこ》るだろう。科学者はこの世を解明しようとして、反対に昏迷の世界にしたにすぎない。科学はものごとを完全に解明するものではないからである。

月の石を持ち帰って喜んでいる科学者が、「お月様いくつ十三七つ」と月の年を数えている幼児より、より月を把握（悟る）しているのではない。

名月を見て夜もすがら池畔をめぐった芭蕉は、月に対決する人間を解明することによって月を解明した。

土足で月を踏みにじった科学者は、月に行って月を見失った。そして月の神秘に近づこうとする人間の意欲を失わしめるのに役立っただけである。

科学が人間に役立つと思っているのはどういうわけか。人間は役立つ条件を先ずつくっておいて、役立つものを造って一人で悦に入っているというのが実相である。

宇宙船が役立つのは、月世界に宇宙船の燃料ウランをとりに行くためであった、というような喜劇を、人間は平気でやっているのである。

数年前までこの川の水で回っていた水車は、石うすとは比較にならぬ強大な威力を発揮していたが、水車で間に合わなくなった人間はダムを造り、水力発電を起こし、製粉工場を建てて米や麦を粉にした。

発達した機械はどのように人間に役立つ仕事をしてくれたろうか。玄米をついて白米にしたということは、米粒の皮、すなわち健康のもとである糠（ぬか）をけずり捨てて、白い米すなわち粕（かす）にしたことである。製粉工場は米を粉砕して粉ごなにしてしまうことに役立った。生命のもとである玄米を病人食にもならぬ粕にし、さらに粉ごなにくだいてパンにした。

胃の弱い人間を造っておけば、消化し易い白米がありがたがられる。消化し易い白米食（粕）を常食にしておれば、栄養が不足してバター、ミルクという栄養食が必要にもなる。水車や製粉工場は人間の胃腸の働きの代りをして、胃腸をなまけ者にすることに役立っただけである。

農業の役立ったように見える科学技術も、ほとんど幻想でしかない。

水を研究して、常時灌水すれば稲の成長が盛んになったといって喜ぶが、レンコンの穴を太くして大きなレンコンが出来たと喜んでいるのと同じである。

やわらかい太い稲は軟弱徒長の病体の稲であるから当然病虫害に侵され易い。でも人間は強い農薬をつぎつぎと開発できるから、病虫害の多発も意に介しないという。うまい米、やわらかい米の品種の稲を改良して作れば当然、農薬や化学肥料のお世話にならねばならぬ。

田に水を入れ、鋤《すき》でかきまぜ、土壌粒子や構造を破壊してしまった時から、土は死んで酸素もなく微生物も棲まない田となり、毎年耕耘機で耕耘せねばならなくなった。自然に大地が肥沃になるような手段をとっておけば耕耘機は必要でなかった。

生きている土を殺してしまい、病体の稲を作るようになれば、速効性の栄養肥料が必要になり役立つようにみえるのも当然である。自然の土は自然に土を肥やし無肥料で作物が出来る。百姓にとって真に必要欠くことのできないものは何もない。肥料も農薬も機械も、絶対必要なのではない。ただ、それらを必要とする条件を作れば科学的な力が必要になる。

稲は自然の力だけで十分できる。科学的な知恵が役立つのは稲に役立っていたのではなく、稲作をする人間に役立っていたにすぎない。

科学が一切無用であることを確信して、これを証明しようとして、自然農法の道に入り、ここ四十年近く私は人生の大半を棒にふってしまった。が、科学農法で、米の反収が昔も十俵今も十俵内外に低迷しているとき、自然農法でより以上の収穫をあげ得たことは幸いだった。一切無用の農法が幻想ではないとすれば、科学は幻想になる。時空を超えて流れる行雲流水は知っていた。

相対性理論くそくらえ

今年は古い昔の稲を主に植えたので、稲が頑健で、よほど鎌をといでないと刈れない。秋晴れの暖かい日ざしを仰ぎ、周囲を見回して驚いた。どの田にも稲刈機やコンバインが走り廻っているのである。この三年前には予想もできなかった村の変わりようである。

幸い、ここにいる青年達は機械化をうらやまず、〝楽は苦の種、苦は楽の種〟と、平然と鎌による稲刈りを楽しんでいる。

「早い遅い、遠い近い、なぜこうも急がねばならなくなったのだろう」

「人間がこの世を相対の世とみた時から、人間は常に比較してものを判断するようになった」と言って、私は次のような話をした。

この村で、牛で田鋤きをしていたころ、馬を使う者がいて、その速さを自慢していた。二十年前、耕耘機が村に一台入った時、人びとは集まって、牛と機械とどちらが得かを慎重に議論したが、二〜三年で、その速度に負けて牛耕は急速に廃止された。

田植機や稲刈機はもう損得よりも、ただ隣よりも早く作業を片づけるための導入にすぎなかった。速度を速め、能率をあげることの意味を、百姓自身で考えず、機械屋にまかせたが、時間と空間の問題は、本来科学者にまかせられる問題でなかった。

時空の問題を解明したアインシュタインの相対性理論は、あまりにもむつかしい理論で、その難解さに敬意を表してノーベル物理学賞がおくられたといわれる。

彼の理論がこの世の相対の現象を解明し、人間を時空から解放し、楽しい平和の世としたというのであればともかく、時間と空間についてむつかしく解説し、この世をわけがわからぬほどのむつかしい世と人びとに思いこませたのだから、むしろ人心惑乱罪が適用されるべきだった。

人間にとって最も大切なことは、この世を相対の世とみた方が得か否かであった。この世は他の動物にとっては天地未分の世界である。

たとえ相対の世だとしても、速い遅いとさわいで右往左往する必要はなかった。まして彼のように時間と空間を結びつけて四次元、五次元の世界があるとか無いとか言い出して人間の困惑に拍車をかける必要は何もなかった。

大体人間には三つの道がある。

(1) 雨が降るといって洪水を心配し、晴天になると旱魃《かんばつ》がくると嘆く小人の道

(2) 晴れて耕し、雨降れば書を読む。晴耕雨読、心耳に従う大人の道

(3) 雨降ってよし、晴れてよし、雲の上は青空、晴雨共に青天と笑う超人の道

科学者は雨に悩み、晴れて喜ぶ小人の喜悲の心情すら知らず、雨滴を分解して素粒子の世界をのぞき、太陽の光線をみて核分裂や核融合の爆弾を造って得意になる。

人間的喜悲の感情を失った反自然的コンピューターつき機械化人間が科学者である。彼等の頭から生まれた科学が、本当は人間に役立つものではないというのは、科学的真理が絶対真理でなく、常に反自然的であるからである。

アインシュタインの頭脳がどんなにすばらしいものであっても、絶対時間とか絶対空間を解明することはできない。

なぜなら彼がこの世を相対の世界とみるかぎり、時間を超える時間、空間でない空間を見ることも、これを計るものさしも、彼はもつことができない。

とすれば彼が把握し、解明した時間や空間は本物でなく、科学的真理にすぎないから、いずれはその矛盾と誤謬を指摘される運命にある。

科学者は真の時間や空間を知っているのでもなく、見ているのでもない。いわば架空の時空の概

念の上に築かれた科学的結論が、常に一時的な幻想となって崩壊するのは当然であろう。

この世の大小、遅速、優劣、明暗、寒暖等すべての諸概念は相対的な実在というより幻想にすぎず、早いが真に早いでなく、大が常に大でない。

幻想の大を大と信じたとき、早い遅いに混乱せしめられたとき、人間の悲劇が始まる。

本来、大小、遅速はなかった。〝心頭を滅却すれば火もまた涼し〟である。相対性理論くそくらえである。

山小屋ではロウソクの光で書も読み、縫いものもするが、下界では二百Wの電灯の下でまだ暗いという。

「時代（時間）と場所（空間）を超えると、いろりの火は石油より暖かい」と私は言った。

その証明を求める青年等に、

「石油は、太古の植物が、地下深く埋没し圧力と地熱で炭化して石炭となり、さらに軟体化して原油ができた。砂漠の地からこれを掘り出し、パイプで港に送り、さらに船で日本まで運び、これを製油工場で精製して灯油ができた。

この灯油を燃やすのと、軒先の松の枯木をいろりで燃やすのと、いずれが手っ取り早く便利で暖かいだろうか。原料は同じ植物である。明らかに石油は回りくどいことをしただけである」

いろりの火より原子力の火が巨大なエネルギーであることを疑うものがないが、果してそうだろうか。原子力の火は、科学の力が凝結した結果で、巨大なエネルギーを造るためには、巨大なエネルギーが結集されねばならぬ。

稀少のウラン鉱石を探し、ウラン燃料として凝結し、巨大な原子炉の中で燃焼させるのは、枯葉をマッチで燃やすほど楽なことではない。またいろりの火は肥料となる灰をのこすだけだが、原子力の火を燃やした後の、後始末は大変である。

石原慎太郎氏は原子力発電所でできた放射能を含んだ廃棄物は、コンクリートづめにしてロケットで月に送り込むか、宇宙の天体に向けて発射すればよいとおっしゃっている。

結局、原子力は将来は自分がはき出した廃棄物という恐怖のゴミを乗せた宇宙船を発射するために使用され、月から原子力の原料ウランを持ち帰るという喜劇役者となるだろう。科学者は天に向ってツバをはいている。

必要は発明の母というが、必要という名の不必要なものに役立つ発明が、結局は人間を酷使することになる。

優れた原子力科学者の頭脳は、古くなれば新幹線のＡＴＣ装置と同様、精巧なだけこわれ易い。狂った医者を診る医学は無い。

〝いろりの火は、原子力の火より赤かった〟

戦争も平和もない村

蛇が一匹の蛙を横ぐわえにして、草むらの中に入る。女の子が悲鳴をあげる。一人の青年が憎悪の感情をむきだしにして石を投げつけた。他の青年が笑った。石を投げた青年に、「君は何をしたことになるのかな」と私は問いかけた。

その蛇をトビがねらう。そのトビを狼が襲う。その狼を人が射る。一番強い人間もちょっとした風邪や結核菌がもとで死ぬ。動物や人間の死骸に微生物が繁殖し、微生物の死骸を栄養にして、草や木が茂る。木に虫がつく。その虫を蛙が食べる。

地球上の、動物、植物、微生物はいわゆる生物連鎖の姿をとって、適当にバランスをとりながら秩序整然と生きている。これを弱肉強食の世界とみたり、共存共栄の姿とみるのは人間の勝手だが、この人間の勝手な解釈が実は地球上に風波を起こし、混乱を起こす火種となっているのである。

大人は蛙を可哀そうと思い、その死を哀れに思う一方、蛇を憎んだ。人間の哀歓、喜悲、愛憎の発生は、自然発生にみえる。にんげんのそれらの感情と思考は当然のこととして是認されているが、そうだろうか。

「勿論、弱肉強食の世界とみれば、地上は修羅地獄である。彼らは生きるために弱者を犠牲にしてもやむをえない。強者が勝ち残り、弱者が滅びるのがむしろ自然の法則であった。何千万、何百億年の歳月を経て、地上に現在の生物や人類が生存競争に勝ちのこって栄えたのであるから、この事実、即ち適者生存の法則が自然の摂理であるといえる。これが強者の主張であろう」と青年が言った。

「この田園の麦の足下では麦の中で緑肥のクローバーやレンゲが助け合いの生活をしている。大樹にはツタがからみ、その下ではシダが繁り、シダに地衣（こけ）が寄生して生存している。

地上のあらゆる生物が相関連して生存している生物連鎖の姿が、共存共栄である」、二人目の青年が言った。

「地上は弱肉強食の世界でもあり、共存共栄の世界でもある。強者も必要以上の食糧はとらない。節度を守り、他を侵すようで、その種族を絶滅させることはない。自然の摂理が地上の平和と秩序を守る鉄則になっている」。三人三様の意見である。

私はこの三人の意見を真正面から否定した。その否定は、空しいと知りながらも……。

「この世は弱肉強食の世界とも、共存共栄の世界とも考えてはならなかった。人間の相対観からみれば、強者があり、大があり小があるが……。

今、この相対観を疑うものはどこにもないが、しかし、もしこの人間の目と判断が間違いであるとしたら、例えば大もなく小もなく、上もなく下もなく、強弱、優劣、遅速がないという立場があるとしたら、人間のあらゆる判断、行為、価値観は根底から崩される」

「それは観念的な架空の立場ではないのか。現実に、大国がある、小国がある。貧富、強弱があれば、必然的に、攻守抗争、勝敗も生ずる。愛もあれば、憎しみの感情も湧き、喜悲に泣き笑うのが人間の自然の姿であろう。とすれば人間感情を根底から否定するわけにはゆかない。むしろ泣き笑いは人間の特徴であり、特権とも言えるのではないか」

「他の動物は闘争するが、戦争はしない。強弱、憎悪に出発する戦争をなしうるのが人間の特権といえば、喜劇であり、喜劇を喜劇と知らないところに人間の悲劇がある」

「たとえ人間は喜劇を演ずる悲劇役者、ピエロとしても、われわれ大人の目にうつる現象界は、明暗二相の相対界でしかない……」

「白紙の童心の立場に立てば、明暗、強弱の二相があって、二相は消える。子供には蛇と蛙があっても、強弱がない。地上に大小、多少、強弱があっても、大人が一喜一憂する勝敗、貧富の優劣、喜悲、愛憎、傲岸、卑賤は無用の感情であり、世に遅速、軽重、増減があっても苦楽の対象となすべきものではなかった。狂喜の生も、懊悩の死も、大人が虚像の上に画いた虚想といえる。

子供には自然本来の生命の歓喜があっても死の恐怖はない。優劣がなければ、勝者も敗者もない。矛盾対立のない世界に安住するのが子供である。

大人の目に映る二相の愛と憎しみは、元来別個の二つのものではない。一枚の紙を表と裏からみたに過ぎない。愛は憎しみによって裏付けされ、愛を裏返せば憎しみになる。虚偽の愛と憎しみである。笑いと怒りは、愛憎を超えた所にある二相であり、この二相はもはや根源の無相＝無双といえる。即ち如来の笑いと不動明王の怒りであり、真の愛と憎しみである」

「現象界の二相に迷わず、絶対界の無相に徹せよということか……」

「人間は自他を分別する。自己を愛する如く、汝の敵を愛せよと言ったキリストの言葉も、自他を区別しての自己であり、他人であるかぎり、人間の愛憎は救えない。邪悪の自己を愛する心が、憎しみの敵をつくっているのである。自己を愛する前に、先ず人間の分別による知恵を憎み、自己を斬ることが先決である。キリストの言葉は、裏がえせば、汝の敵を憎むごとく、汝自身を憎めである。人間にとって最初の最大の敵は、己れ自身である。

人間は二つの道しか選べない。右へ行くか、左へ行くか、攻めるか、守るか、そして攻守の責任を問うて争う。拍手して右手が鳴ったか、左手が鳴ったかを論ずるわけである。どちらが早い遅いもない。良い悪いはない。同時発生の同一悪である。

城を築くことは、すでに悪である。城主の人柄による。自衛のためだと弁解しても、城は近隣を威圧する。守ることは、すでに攻撃である。ごろつきは、いつもなぐりこみを恐れての自衛のためと言って武器を備え、扉にカギをかける。

守ることは攻めていることであり、攻めるのは守るためといえる。自衛兵器が常に戦争仕掛け人に口実を与えるはめになる。攻撃と防御は同一物である。弱者ほど、鎧に身を固めた強者になりたがる。

馬鹿殿様が堅固な城寨に武器を貯えたときが、一番隣国からねらわれる秋《とき》である。

戦争の禍根は、人間の分別に出発した、自他、強弱、攻守の虚相の輪の拡大強化にある。

すべての人が相対観の城門を出て、野に下り、無為自然の懐に還る以外に平和の道はない。刀をとぐより、鎌をとげである。無一物の家にどろぼうは入らない。百姓を襲って亡ぼすほど人間は馬鹿ではなかろう。赤ん坊ほど弱いものはないが強いものもない」

「かつての農民は平和な民だったが、今はオーストラリアと肉牛について論じ、ソ連と魚を争い、米国の小麦に依存する、争乱の火種と石油をふところにした農民に転落している。

倚《よ》らば大樹の蔭というが、雷雨の時は、大樹の下ほど危ない。まして次の戦争では、最初にねらわれる核の傘の下に避難するほど馬鹿なことはないが、現実にはその傘の下で耕している。国の内から外から危機が迫っている感じがする……」

「その内外二相を捨てる。世界のどこの農民も同根の農民である。そこに平和のカギがあろう」

わら一本の革命

山小屋をめざして来る若者の中には、人生に絶望して、わらをもつかむ気持ちで来る者が多い。私は彼等に何をしてやることもできない。長い間黙って働き、黙って去る若者に、わらじ銭すら与えられない心身の貧しさを嘆く老農だが、たった一つ彼等に与えることができるものがある。一本のわらである。

小屋の前に落ちている一本の稲わらを拾って、私はつぶやいた。

「革命というものは、このわら一本からでもおこせる」

「人類に滅亡のときがきて、わらでもつかみたい気になればですか——」。一人の若者がちょっと自嘲気味に言った。

「このわらは軽くて小さい。だが人びとはこのわらの重さを知らない。このわらの真価を多くの人びとが知れば、人間革命がおこり、国家社会を動かす力となる。文字通り革命になるのだが……」

「わらを燃やしても、革命の火種になるとは思われないが?」

私はわらを利用した稲作について話した。

耕さず，化学肥料をやらず，消毒せず，麦はできる

「もう四十年近くも前のことだが、高知の琴ガ浜の海岸で、田の中に散らかっているわらの中から芽を出し、元気に育っている稲に目をつけ、研究をつづけた末に、米麦の連続不耕起直播という新しい米麦作を提唱するようになった。

これは田を鋤くことなく、また稲刈り前の稲の中に麦と、越年栽培といってさらに籾とクローバーの種とを混合してばら播きして、長いわらをそのまま散らかすだけである。

わらが米麦の発芽、雑草防止、地力増強の三役を果たしてくれる。これは米麦作の革命になる自然農法だと確信して、雑誌に書き、テレビ、ラジオで何十回となく放送もした」

「そんなにうまい話が、なぜ早く世に広まらないのだろう」

「生わらを振りまくということは、極めて簡単なことのようで、実は大変なことである」

「危険なことでもなかろうに……」

「いや田圃に生わらを振ることは、極めて危険な冒険であった。それは当然で、生わらにイモチ病菌や菌核菌が寄生していて発病の原因になるから、昔から厳重なわら始末が要求されていた。イモチ病対策として、北海道では道《どう》をあげての大がかりなわら焼却命令が出されたこともある。

また稲わらにはメイ虫が潜入していて、越冬するので、納屋の中に閉じこめたり、堆肥小屋の中で苦労して腐熟堆肥にして、翌春の発蛾を防いでいた。

全国の農民が、わら始末と言って、一本の稲わらを大事にして、田に散らかすことなく、田を清潔、清浄にしていたのは、わらを粗末にすれば、罰が当たる、田がやせる、土が死ぬとの生活の知恵が身にしみついていたからである」

「私の子供のころ、犬寄峠に億万長者がいた。この人は馬の背に木炭をつんで、峠から郡中港までの一里の道を運んでいただけである。なぜ一代で長者になれたのかと言うと、帰りの道で、道ばたに捨てられた牛馬の古わらじやフンを拾って帰って畑に入れただけだという。わら一本を大事にし、手ぶらで歩かない。むだ足を踏まないというモットーが彼を長者にしたのである」

「大事なわらを、田に振りまく自然農法を農家や学者はどのような目でみてきたのだろう」

「今までの観念をくつがえす私の提案に、生わら散布が安全かどうかの実験をして確認してくれるまでに五年以上かかった。次に土壌、肥料学者が、土壌や地力の変化、生わらの分解、肥効、脱窒現象、還元問題、微生物との関係等を研究して五年、作物部で、わら被覆の不耕起直播で、今までの田植えより収量が多い場合が多いとの結論を出すのに五年という具合であった」

「なるほど、それでは始動までに時間がかかる。農林省の科学技術研究所で、十年後の日本の稲作の指標となる貴重な報告だと絶賛したわけが初めてわかった」

「笑い話のようだが、生の長わら散布でよいと私が言っても信用されない。あまり乱暴だと言って、カッターで切断してやる実験三年、少し長くしてもよいと三つ切りにしてやる実験三年、やはり長わらでよかったと言い出してもらうのに九年かかった。農家が長わらを平気で振るまでには、まだまだ時間がかかる」

「わら一本、田に振るのに骨が折れるのか？」

「わらぐらいと思われるが、幾百年と長い間、農民は堆肥増産に努力してきた。農林省も、これに奨励金や、堆肥小屋設置の補助金を出し、堆肥品評会も年中行事となっていた。だから農民にとり、堆肥は土の守護神の信仰になっていた。最近堆肥を造れ、ミミズを飼えという運動もある。この堆肥は無用、人為を加えない生わらを秋田の表面に振るだけでよいという提案が簡単に普及するはずはない。

さらに生わら散布で、田を鋤かなくてもよいようになるという不耕起論は、耕耘機無用でもある。これは数百年前の浅耕農法や原始農業に返るようにみえる。実際、らせん階段的発達による復帰である。しかし、深耕、多肥、多農薬の西洋農法が発達している現在、いくらこれが自然農法のとびらを開くものだ、農業の源流だと言っても信じて反転する人は少ない。

わら一本から始まったこの自然農法は、機械化無用で、さらに化学肥料や農薬の必要性をなくしたもので、現在の基幹化学工場の無用論にまで発展する。

私は東上するたびに、東海道の列車の窓から日本の田園風景の推移をみてきたが、十年前と一変したこのごろの冬の田の様相には、言いようのない憤りを感ずる。

かつての整然とした青い麦、レンゲ、菜の花の咲く牧歌的風景は、もうどこにもない。乱雑に積み重ねかけたままで雨にぬれる稲わら、半焼けになって散乱しているわら、大型コンバインが蹂躙したままのわら。わらの始末がつかないことは、米麦作の技術が混乱している証拠を露呈しているのである。田の乱雑な姿はそのまま百姓の心の荒廃であり、農業技術者の責任を問う姿である。指導者の怠慢を責め、農政不在を如実に示す姿でもある。

数年前、農民の安楽死や、のたれ死に説をとなえた人は、今この姿をどうみているのだろう。

私は荒涼とした日本の冬の田に立って……もう我慢ができない。私一人で革命をやろう……わら一本で……」と言ってしまった。

黙って聞いていた若者が、からからと笑った。

「革命は、ひとりひとりがやるもの……」

「明日から麦種と籾とクローバーの種を入れた大きな袋を、大国主命のように肩にかついで、東海道筋の田にばら播いて歩こう……」

「わら一本のことで、田が二倍になり、日本の食糧問題が一度に片づくなら……」

口々に言いながら、赤々と燃える山小屋の夕餉《ゆうげ》のかまどの火の許に帰って行く青年らの後ろ姿と、わら一本のいのちに、私は祈る。

京の夢

今朝は音もなく、春の雨がしとしとと降っていて、軒下のナズナの葉や、花についた露がきらきら光る。

「近所の人が、自然農法の百姓が京大農学部で講義をしたというテレビを見たといっていたが……何もしないを標榜する者が、何を話したの……」

「鍋の中のどじょうさ。じたばたしただけだ」

「安楽死か、のたれ死にかになれば百姓もムシロ旗をたてて、もがいてみるというわけか……」

「百姓から話すことは何もないが。いつも百姓一揆は百姓が起こすのでなく、狂った世が騒動を引き起こす。鍋の中のどじょうの百姓には、右もなく左もない。上下を知らぬ。尻の下が熱くなれば飛び跳ねてみるだけ……いつも、煮るなと焼くなと貴方まかせが百姓」

「じたばたしてのたれ死にを待つよりは……静かに眠る寺と学問の街に出て、ムシロ旗をたて、京の夢を破るなんてことは、夢ですか……」

「と、あきらめることもあるまい。京の夢を破る起爆剤の火種は、その寺と学校にある。両方を鉢合せさせて火花が散れば、それが口火となろう」

「火花が出るようなけんかをどうして？」

「イソップ物語の狐がおればよい。坊さんの所に行って〝大学の先生が、今の坊さんは腐っていると言っている〟と告げ口し、一方、大学に行って〝今の学問は学問じゃないと坊さんが言っている〟と吹聴して歩けば、両方がカッカする」

「両方が同じ土俵に上ってけんかしたら、けんか両成敗でバッサリやる。血みどろになり共倒れすれば世話がない……とはゆかぬかな」

「やはり、現代の病根はお寺と学校にある。両者の大手術が必要ですか」

「昔から医者と坊主と先生は、芸者にきらわれた」

「威張るからきらい、とは言ってみても、医者と坊主がいなけりゃ、困るのは芸者と庶民、とも言える」

「本物の医者と坊主はもういない。医者知らずの健康人間、迷いのない妙好人《みょうこうにん》、疑問の雲一つない賢人を造る役目の医者や坊さん、先生は絶滅した？……

先生は何をしてきたか。学生に勉強させて、寄せ集めの知識を切り売りすると疑問がますます増えるから、それを解くため、ますます多くの大学や教授を造らねばならなくなる。大学は膨張しマンモス怪物となった。

坊さんが宗教活動を盛んにして、人心を混乱させて、迷う人を増やしてゆけば、信者が急増し、寺はますます繁昌する。

医者が病人の生命の引きのばしをすると、病人と老人が地上に満ち、収容施設の病院ホームの拡充発達が行われ、医者は儲けて儲けてということになる。

学問は学校経営に役立ち、医学は病院に役立ち、宗教は社寺に役立つだけで、どれもしもじもの人間のためには何の役にも立っていない。

「それはまたきびしい悪口だが、寺と大学を無くせば文化の火は消える」

「文化の火はもう消えている。広壮な伽藍が建ち、奥の院に灯明が燃えても根元の法灯は消え、学問の殿堂がそびえて、智恵の光は失われた。

いつも人間は、真の根元が判らないから、本末を顚倒し、人間そっちのけで末梢の繁栄に力をそそぐから、こんなことになる。

本来一つでなければならぬ寺院、神社、学校、政治の府をばらばらにひき裂き、別々に専門化して発達させたとき、大本の人間の火は消える。自然は形があって姿なく、心があってしかも無心。自然は部分もなければ全体もない、全くつかみどころのないヌエである。人間の認識の手段である分別は、部分的把握である。したがってどこまでも部分的知識の集積にすぎない科学的知識や学問は、この自然を知り支配する手段には全くならないのみか、人間が知ろうとすればするほど、人間は自然の本体から遊離し、自然がわからなくなるだけである。学問がなしえたことは自然と人間の離間であり、人間が自然を征服したと思ったとき、人間は自分の住家に火をつけて壊しただけである。

それにもかかわらず人間は、わざわざ大学まで行って自然と人間を研究し、分析したり分解や解剖をやって自然破壊を平気でやる。

〝人間に解決できない矛盾はない。人間こそ地上を支配する王者だ〟と広言する科学信奉の松下さんや、自称無神論者のヤマハさんは、天にツバする勇者ではあるが、足下の墓穴にはお気付きないようである。人間は神の実在も証明できないが、不在も証明できない。この世には、真の有神論者も無神論者もいない。自然を玩具にし神をあざわらうものは、自らが漫画の主人公であることを御存知ないだけである。……ということを断言する坊さんが京にいないものか……。せめて正月ぐらいは一休さんのまねをして小坊主を先頭に立て、大僧正の袈裟を竿につるし、いくらお経を読んでも仏がわからない、最高学府を出ても神がわからない、この世で一番の大馬鹿者を気取るやつが着る衣物が、この赤や黄色の衣ですと、街頭宣伝してみてはどうだろう。

子供は無知にして明晰、仏に近く、大人は学び智恵多くして昏迷、仏に遠い馬鹿になる」

「そこから寺や大学の無用論が出るのだろうが、どんなに言われてもお偉い方は痛くもかゆくもないだろう。大学の学問が無能、無用とは思えないからだ。大は宇宙の天文学から、極微の原子物理学、また生命科学や医学の発達は、この世に絶大な力を発揮している。地上の王者という人間の誇りはゆるがない。

「人間は科学のメスで、自然のはらわたを切り裂いて覗いた暴君ネロにすぎない。笹の葉の上の一滴の露の本体を、原子だ、素粒子だ、氷だ、雲だ、とわめいてみても、露の光は何だ、美しいとは何だという謎《なぞ》、人間の心の迷いは永遠にとけない。自然を支配するどころか、泥の中に首を突っこんだどじょうで、やたらに水滴から電力や水素爆弾を造って自然の腹の中でのたうちまわっているだけである。

人間が心の奥底で自然から学ぼうとしたものは、自然のチリにすぎない素粒子や星の入手ではなく、大自然の神秘であり神の実体の確認、即ち自然と人の合一であったはずである。人間の生命の延長を計るより、神の生命の導入ができるか否かが問題だったのである」

「その神、自然がわからない」

「知ろうとするからわからなくなる……わからないをわからないとしているのが、そこにある大根だ、だからこそ大根は知らぬが仏の仏！」

「自然の中に仏がある……」

「この大根が仏になるならぬは人次第、この世に仏や釈迦は掃いて捨てるほどある」

「もし今、釈迦が現れたら、社会革命が起こるだろうか」

「釈迦が革命を起こすんじゃない。革命が起きたとき、釈迦が誕生する。大根が釈迦になる」

雨の中で、大根はみずみずしく息づいていた。

葦の髄から天のぞく

山小屋の柱に、小心庵と落書がしてある。尋ねて来た人は都会から逃げてきた小心者の住む小屋とみる。ひねた者は無心の一歩手前の小さな心と解釈したりもする。

この小心という言葉に、小さなセンターという意味をもたすと、極めて壮大な夢をもった心ともなる。

幼い頃、麦笛や女竹で鉄砲を作るとき、よくその茎の小さな穴に目をあてて天をのぞいたものである。〝葦《よし》の髄《ずい》から天のぞく〟というわけである。

この山小屋にいても天はのぞける。本来この世の中心は一つであり、その中心、真ん中の心がわかれば万事がおさまるはずである。だが色々の所で、色々の人が、これが中心だ、原点だといってもめるわけである。一人の青年が話しかけてきた。

「宇宙の中心はどこだろう。太陽だ、地球だと思ってもよいのだろうか。人だろうか？　政治家は国会を、財界人は経済を、主婦は台所の米びつを中心に思い、乞食は茶碗の中が最大の中心事になっているが……」

「本当の中心は何かを、米びつの周りに集まって論争するとき、右側の者は右を中心と言い、左側の者は左を、真ん中の者はここが中心だと主張するが、ちょっと米びつを廻してみると、中心が中心でなく、右が左になったりする。人間の見ている右、左、中心は時と場合で変転する。本当の中心、原点、大本がわかれば、すべての者が安心できるのだが」

「大体、中心というのは、真ん中の心と書かれている。この心というのは何だろう、どこにあるのだろう」

何をつまらぬ事をと言いたげな顔をしていた青年が「心は頭から……」と言いかけてふと口をつぐんだ。他の青年が言った。

「思考は頭でする。思考が頭の中で組み立てられ製造されるとすると、思考が心なのだろうか」

「そう思うという言葉は田の心と書く、心が田を知るのか、田圃から人間の心が湧くのか」と、一人が茶化した。

「人間は最も常識的な平凡な事柄、一事さえもわかっていない。

人間はもの思う葦であるとか気のきいたことを言うが、その思う心という心が、どこから湧くのかすらわかっていない」

「医者が頭を解剖して、その所在を確かめている」

「走っている車の心はどこにあるかと聞かれたとき、モーターと答える馬鹿があろうか。尋ねているのは車の行方である。車体を調べても車の心はわからない。大脳の中の心、科学的構造が問題でなく、心のあり方、人生の目標を知る心を、人間は探究しているのである」

「医者は人間の生命が肉体の中にあり、人間の心は頭の中にあると確信しているが、人間にとって大切なのは胸の中に浮かぶ心、腹の底から湧く心であったのである。

幽谷に入れば自ずから湧く山気、湖辺にて知る水の心。山気、水心はなぜわが身に感じられるのか、山川草木の心がわが身に湧いたのか、滲み透ったのか、心は大自然の霊の受信装置なのか、発信装置なのかすらわかっていなくて、人間の心が頭の中にあると確信すれば医者はどのようなことをしでかすか。修理工に車をまかせるのと同じである。人間は改造されて暴走するトラックにされたり、競争車にされてしまう。生きる目標を見失った人間の生命に意味はない。

人間にとり、さびしさや悲しみの感情は無用と考える医者は、当然その感情の発生源となる大脳内の神経細胞を摘除しようとする。現代医学は、トラックの運転者に不眠不休で働ける肉体と大脳を改造して、高速道路の孤独な深夜運送に耐えられる強い心をもたす技術をすでに開発している。その結果は殺人運転も平気な超人が出来るだけである。

現代医学が人間の心の、真の発生源を探究できると思うのが錯覚である。人間の感情を支配できる者が誰であるかを、医者は知らないだけである。遺伝子の組み替えで感情のコントロールは出来ない。

現代は医者を診る医者、人の上の人が必要な時代になった。

心を診断するのは医者のメスでなく真《まこと》の心である。心の正常、異常は肉体の心を離れたところの心のみが診断し、裁くことができる。

宇宙の心、真の中心、真の心が自己に宿れば葦の髄（心）から天ものぞける。自己に心がない人間にはこの世の何一つわからない」

「何一つわからないとはひどすぎる……」

「人間には一つの点、一つの線すら何であるかわかっていないことがわかっていない」

「その証拠は？」

「例えば十字架がわかるか、理解できるか……人は一点を左右に並べて横線を描き、上下に延ばして縦線を描くことができた。だが人間が知ったという十字架は、点の縦横の延長にすぎぬ線（時間）と、線の交叉《こうさ》によって確認された点（空間）を知ったにすぎぬ。それは相対的な時空の概念にしかすぎず、真に一点、一線の十字を把握したのでないから、キリスト教徒にはなれても、キリストにはなれない。時空を知ったのではない。一点、一線が時空であり、十字架である。

一事は万事、十字の心がわかれば万事の心がわかる。

左の絵は一つか、異なったものか……。

すべては同根異相、なにもないが……一つあるだけである。それは無のスパイラルといってもよい。

人間は分別してはならぬ同根同心を分別し、区別せねばならぬ人の心と神の心が区別できない。私には人生観、自然観、世界観と区別する思想はない。有するようでない、ないようである、ゴム風船の思いのみがある。強いて言えば万法帰一、皆空論とでも言うか……。

森羅万象、無より発し有となり、無に帰るが故《ゆえ》に有りて無し、有るものは発達、膨張のはて、天空に雲散霧消して無となるが、再び凝結して結氷、降雪となって地上に現われる。


本来東西なく、天地を分たず、時空を知らざるは神の心、神は知らずして天の運行に従うが故に誤りなく、人は知らずして知ると信じて天の運行に干渉するが故に誤りを犯す。天は無言、人は多弁、天は語らずして語り、人は語りて語らず」

ふと気付くとすでに日は落ち、足下は暗くなっていた。語ることの空しさを知りてなお語る者、聴くことの空しさを知りて聴く者、共に声を無くした。

第五章　病める現代人の食——自然食の原点

自然食とは何か

山小屋に三年いて自然農法をやり、玄米菜食を続けている青年が、ふと、「この頃、自然食というのがわからなくなった」とつぶやくのを聞いた。

考えてみると、自然食というのは、わかっているようで、一般にはそれほどはっきりした言葉ではない。

自然にあるものをそのまま食べるのが自然食だと漠然と考えている者もあれば、この頃は、公害になるような農薬や添加物が入っていない食品を食べるのが自然食というのだろうと思っている者も多い。

実は自然食というのは、明治の石塚左玄に始まり、二木・桜沢両氏によってほぼ大成されたともいえる、陰陽思想や易経の思想をもとに組み立てられた無双原理に基づく食養の道から出発した言葉である。

普通、玄米菜食をとるので、一般には玄米を食べる運動だと理解されている。しかし自然食というのは、玄米菜食主義というようなことで簡単にかたづけてよい問題ではない。では何か。今日は率直な意見を述べてみよう、といって、私は話を始めた。

「自然とか、自然食とは何かといえば、誰でも一番身近なものでわかりきったことと思っている。

けれど、自然とは何かと問いつめてみると、明瞭にわかっているわけではない。

早い話、人間が火と塩を使って料理して食べるのは自然食か不自然食かというと、どちらにもなる。古代人のように、自然そのままの動植物を生のままで食べるのが自然とすると、火と塩を使った食は自然食とはいえないが、その人間の智恵、つまり人智が、人間がもって生まれた自然の宿命だったとすると、自然食となる。人智は善か悪か。人智を加えた食物を可とするか、自然そのままの食がよいのか。農作物は自然といえるか、その限界は？

問題の混乱は、人間の智恵に二通りがあり、自然の解釈に二通りがあり、しかもその区別がつかないで混乱しているところにある。二つの智恵というのは、無分別の叡智と、分別の智恵である。ところが、無分別の智というのは、分別によらず、直観で認識する以外に方法がないので、一般にはわからないままで、かんたんに本能として観念的に認められても、実際には無視されるところの智恵である。

人間は、分別によってのみ間違いのない認識が可能になるものと信じているから、実際に世間で通用している人間の智恵というものは、すべて分別智の範囲内にとどまるものである。だから一般にいっている自然は分別智による自然である。

この二つの智恵は相対立するものでありながら、前者は否定され、後者のみが肯定され、幅をきかしてきた。

この人間の分別智は、自然から離反した人間独自のもので、智は智をよんで発達はするが、独り歩きの人智は、孤独な不可知の認識という無限の道にさまよい出ることになる。

人間の智恵は、真の絶対的認識にならず、自然の実相も把握できないで、虚相の自然をつかまえて自然と錯覚してしまう智恵であるから、その智恵は、永遠に不完全な不自然な智恵という運命を免れることができない。ただ人間を昏迷の無間地獄に陥れるだけである。

私が無分別の智を愛し、分別の智恵を憎むのはそのためである。

私は無分別の叡智で認識された自然を真の自然とし、人間の創造した分別智による自然を虚像の自然として明確に区別し否定する。

この虚像の自然、不自然なもの一切を排除することによって、この世の一切の混乱の根元が除去されると考えているわけである。

分別智によって西洋に自然科学が発達し、東洋に陰陽・易の哲理が生まれた。だが科学的真理は絶対真理になりえず、哲理もまたこの世を解釈するにとどまる。どちらも分別を出発点とした相対観であることには変わらないで、ともに相対を超えた根源の自然そのものを知り、自然の全体の姿を把握するということにはならない。

結果からみると、科学的智恵で把握された自然というのは、壊された自然という名の物体にすぎず、いわば形骸があって魂のない幽霊である。哲学的な智恵で把握された自然というのも、人間が心で組み立てた自然という名の理論にすぎず、魂があって姿形のない幽霊である。人間は、自然という名の得体の知れない幽霊にひきずり回されているが、一茎の白百合の美をめで楽しむのに、科学的に百合の花を合成したり、哲学的に解釈する必要は何もなかったのである。

自然の本態、すべてを知ろうとすれば、分別の心を捨て、無分別の心で、相対の世界を超えて、自然をみるしかない。自然を無分別の心でみると、本来東西なく、四季なく、陰陽もなしということになる」

ここまで言うと、青年が口をはさんだ。

「それでは自然科学は勿論、東洋の陰陽思想や易経に基礎をおく哲理も否定されるのですか」

「一時的便法として、あるいは道標としての価値は認められる。しかし、それを最終的な最高のものと思ってはならない、ということである。自然科学の真理や哲理は相対界のものであり、相対界の中では通用し価値を認められる。たとえば相対界の中にいて、自然の秩序を破り、自らの心身の崩壊を招いている現代人には、極めて的確な秩序回復への指針になるというのも事実である。だが、陰陽は解説であり、羅針盤にはなるが最終目標を提示するものではない。陰陽二元が根元の一元に帰するまでのものであって、陰陽を超えた世界に入れば、自ずからその使命を消失する。すなわち真の自然食（正食・正行・正覚を達成した者の食事法）に到達するまでの収縮・凝結した食事をとるために役立つ原理といえる。しかし人間の究極の目標が、相対界を超えた自由な世界に遊ぶことであると知れば、相対的な原理に執着し低迷することは許されない。究極の目標を忘れて、その手段や道具を目的と錯覚したら悲劇にもなる」

「それでは、自然人（真人）になったら、自由に何を食べてもよいのですか？」

新入りの青年が身を乗り出した。

「トンネルの向こうに明るい世界を期待すると、トンネルの闇がかえって長くなる。おいしいものが食べたくなったら、食卓に御馳走を並べるより、先ず、まずいものを食べることである。おいしいものを食べたいなんて言わなくなったとき、本当の味があじわえる。御馳走を真に御馳走にすることができる。

自然の中にいて、自然のものを自然にとる、ただそれだけのことだが、それが分別智に邪魔され、我欲に出発した嗜好に迷わされてできない。それができ始めるまでの道は遠い。そのための道標が、陰陽の道である。まず陰陽の道に徹してのち、その道を超えねばならない」

自然食のとり方

自然食と自然農法は表裏一体のものである

私の自然食に対する考え方は、丁度自然農法の場合と同じである。真の自然、即ち無分別の智によって把握される自然に順応するのが自然農法であったように、真の自然食というのは、無分別の心で、自然に得られる食物や自然農法による農作物、自然漁法による魚介類などを、無作為にとる食事法といってよかろう。

そして分別に出発した相対的な智恵による作為を排除し、哲理による拘束からも次第に脱却してゆき、最終的にはこれを否定し、超越してゆくわけである。

しかし無作為、無手段といっても、無分別の智恵から得られたと考えても差し支えのないような生活の智恵は勿論許される。火と塩を使う料理などは、人間の自然離反の第一歩の智恵と言えるが、自然の叡智を原人が感得したにすぎない、むしろ天与の生活の智恵と考えて許容されるべきものともいえる。

何千年、何万年の間に、いつの間にか作られ、人間の間に定着しているような農作物なども、もはや百姓の分別の智恵から生まれた人工食ではなくて、自然発生した食物と考えて差し支えなかろう。

と言って農学が発達した以降の、品種改良されて自然のものとは程遠くなったものは論外で、人工養殖の魚貝や畜産物と同様、堅く排除されるべきものである。

自然食と自然農法は、不即不離というより、表裏一体のものである。勿論自然漁法や畜産なども一体であり、衣食住の生活、精神生活、全体が、自然と渾然と融合していなければならない。

科学、哲理も超えた自然食

西洋の栄養学や、東洋の陰陽学にもとづき、さらにそれを超えることを目ざした自然食の理解に役立たないかと、以下の図表を画いてみた。

第(1)図は、陰陽無双原理にもとづき、四季の色に合った食物を、大雑把に配列したものであるが、四季を循環し変転する一物とみて円の中に収めた。夏は暑くて陽の季節、冬は寒くて陰の季節。光で表わせば、夏は赤・橙、春は茶・黄、秋は緑・青、冬は藍・紫とされる。

陽の夏には陰の食を、陰の冬には陽の食物をとるというように、万事陰陽のバランス、調和のとれた配色の食事をすればよい。

(1)　四季の色，食物の色　(陰陽表)

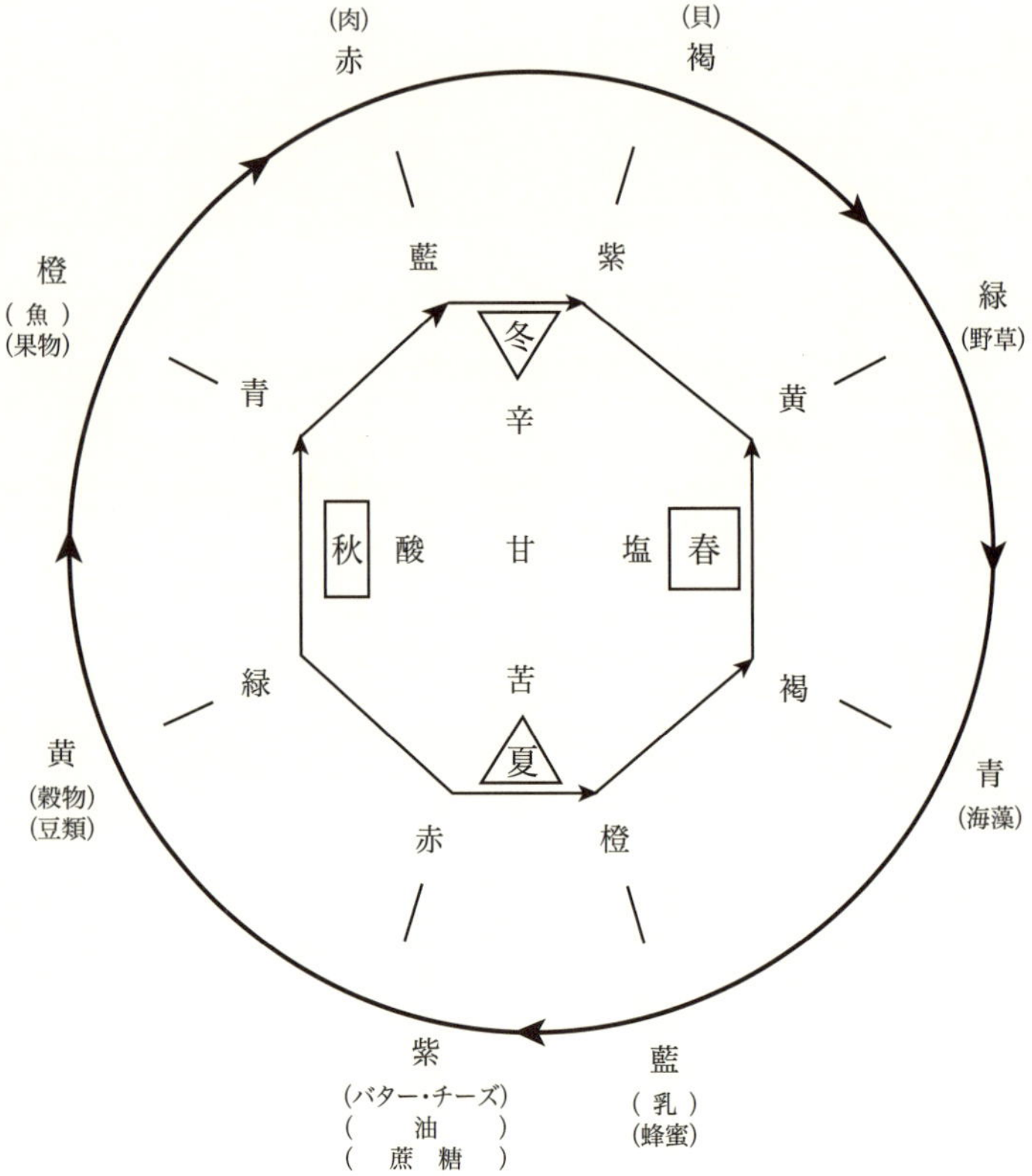

また、動物の肉は陽性で植物は陰性、中庸が穀物である。人間は陽性の雑食性の動物であることから、中庸の穀類を主食とし、なるべく陰性の菜食をとり、共食いになる極陽の肉食をとらないなどという理法があみだされてくるわけである。

しかし、やれ陰だ陽だ、酸性だアルカリだ、ナトリウム、マグネシウム、ビタミン、ミネラルなどということにあまり神経をつかい、深入りすると（勿論医学的あるいは病気治療からは必要だが）、科学の領域に入り、かんじんの分別智からの脱出を忘れてしまうことになる。

第(2)の図表は、この地上で、人間が容易に食糧となしうる食物を集め、やや分類的に並べてみたものである。これをみれば、いかに無限の食糧が、生きとし生けるもののために、地上に用意されているかがわかるであろう。

この動植物の発生系統図は、そのまま自然のマンダラ（曼荼羅）と言ってよい。悟境に住む者からみれば、この世の一切の動植物は何ら分別する必要もなく、一切のものが、法悦界の妙味、御馳走となるわけである。

ただ残念ながら、自然から離脱した人間のみは、この自然の饗応を素直に享受することができない。きびしい自己滅却をなしえた者のみがはじめて、自然の全恩寵を受けることができるのである。

第(3)の図も、四季おりおりの旬《しゅん》の食物を、マンダラ風に画いてみたものである。

人は何も知らず、陰陽の理を考えなくても天の配剤に従って無心に食をとれば、完全な自然食が自ずからできることを表示したものである。時と場合、健病の度に応じ、食は変化するのが原則である。

(2) 食物のマンダラ図

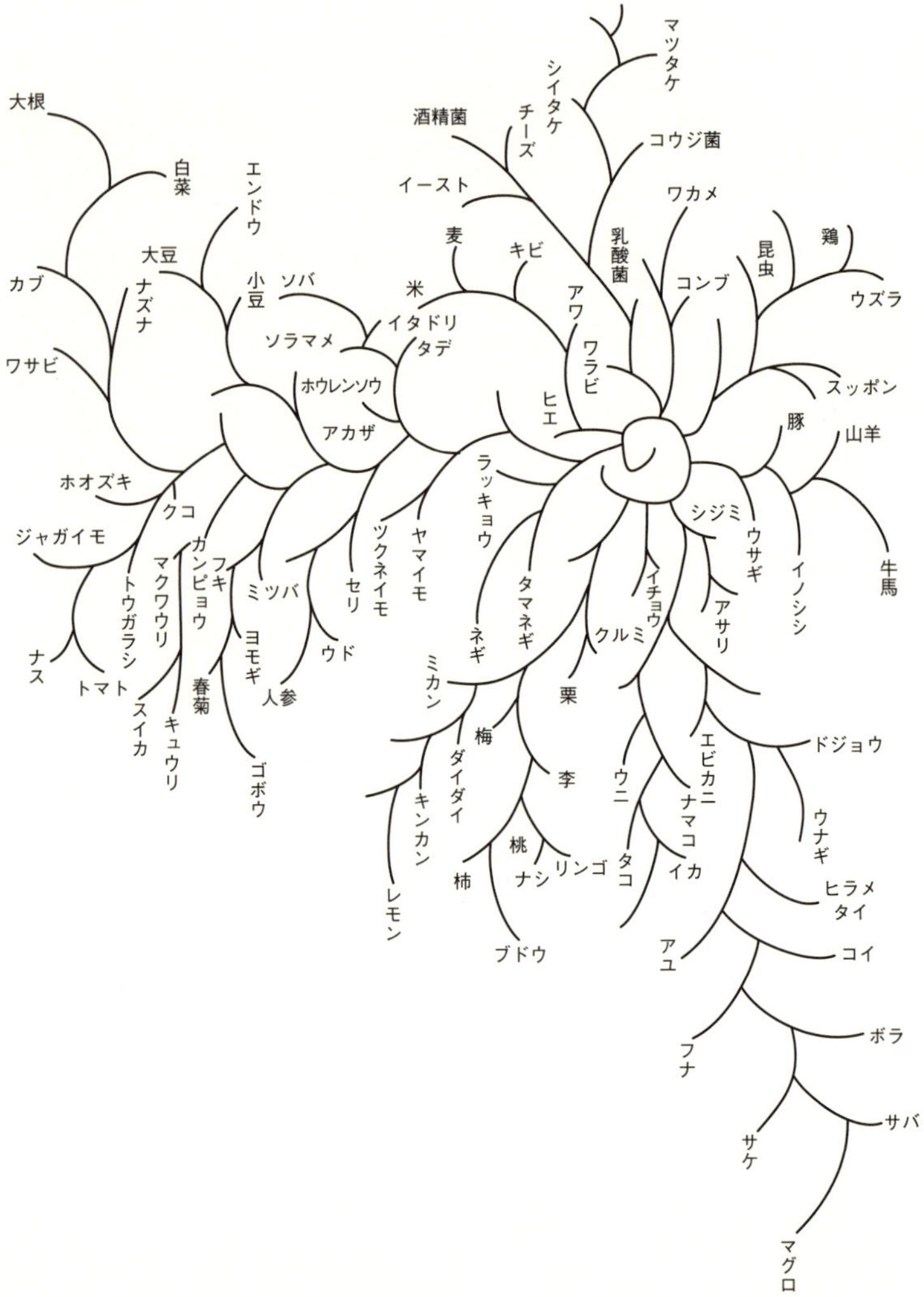

マツタケ
シイタケ
チーズ
酒精菌
コウジ菌
イースト
ワカメ
大根
白菜
エンドウ
麦
キビ
乳酸菌
鶏
昆虫
大豆
カブ
ナズナ
小豆
ソバ
米
アワ
コンブ
ウズラ
イタドリ
ソラマメ
タデ
ワラビ
ワサビ
ホウレンソウ
スッポン
ヒエ
豚
山羊
アカザ
ラッキョウ
ホオズキ
ククコ
シジミ
ジャガイモ
カンピョウ
ツクネイモ
ヤマイモ
ウサギ
牛馬
マクワウリ
フキ
イノシシ
トウガラシ
ミツバ
セリ
タマネギ
イチョウ
アサリ
ヨモギ
ネギ
クルミ
ナス
ウド
ミカン
トマト
春菊
人参
栗
スイカ
キュウリ
梅
ドジョウ
エビカニ
ダイダイ
ゴボウ
李
ウニ
ナマコ
ウナギ
キンカン
桃
タコ
ヒラメ
柿
ナシ
リンゴ
イカ
タイ
レモン
ブドウ
アユ
コイ
ボラ
フナ
サバ
サケ
マグロ

(3) 四季の食物マンダラ図

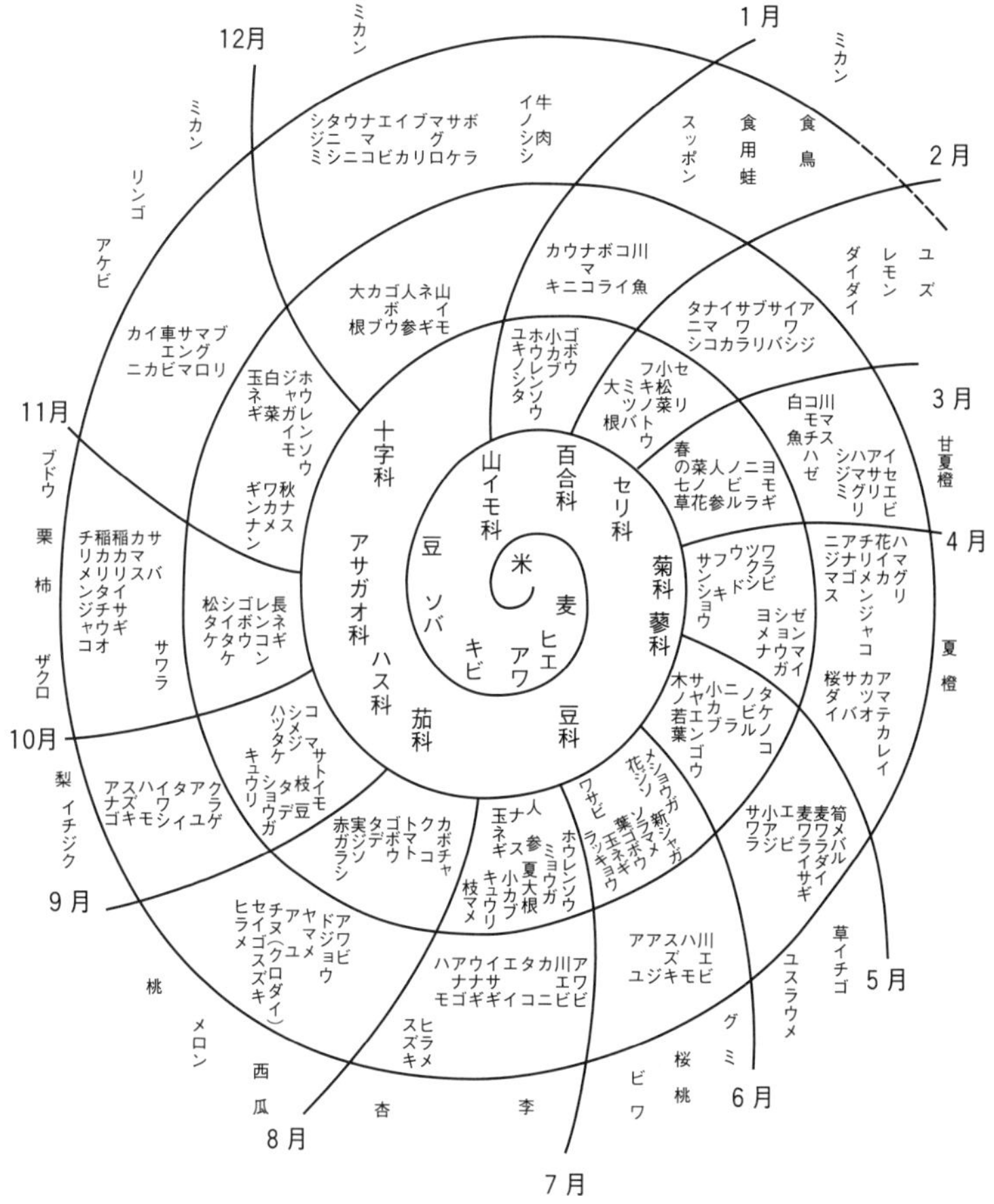

この図表の理屈など知ろうともしない農村の百姓や漁夫が、何気なくとっている食事がどのようなものであり、自然の理法にどのように合致しているかを代って語ってみよう。

早春、褐色の大地から春の七草が萌え出た頃から、七つの味を百姓は味わうことができる。春の七草に配するに、自然は茶色の食を代表する貝類をもってくる。早春、タニシ、シジミ、海のハマグリ、サザエが美味となるのは自然の妙味といわねばなるまい。

緑の季節になれば、ツクシ、ワラビ、ゼンマイなどの山菜は勿論、桜の若葉、柿、桃、山芋の若葉など、食べられないものはないばかりか珍味となり、薬味となる。

筍が出れば、タケノコメバルが美味となり、麦刈りの候になれば、ムギワラダイやムギワライサギが豊富にとれてしかも美味しい。春のノボリサワラの刺身で皿をなめ、菖蒲の節句にはショウブタチウオを供えて祝う。

春はまた磯遊びの候、青の食物といえる海藻が美味となる。

梅雨があける頃青梅をつける。ラッキョウのさわやかな味とともに、水もの果物である枇杷、杏、桃等を身体が欲しがるのは当然だろう。枇杷や桃を邪食と決めつけるのは、一物全体ということを忘れた時である。枇杷も実ばかり食べず、種子をコーヒーにし、葉を煎じて茶にして飲めば百薬の長。桃や柿も葉を利用すれば、同じ不老長寿の薬にもなる。

極陽の真夏の太陽の下では、涼風の樹蔭で陰性の瓜を食べ、乳を飲み蜂蜜をなめることも許される。菜種油やごま油も夏バテの身には必要だ。

初秋になって様々な果物がみのり、黄色食品の雑穀、大豆・小豆がとれるのも面白い。月見のきび団子、里芋に添えた枝豆、秋深まってのトウキビ、小豆めし、松茸めし、栗めしも理に合っている。第一、夏の陽性を充分に吸収した米が秋にみのるということは、冬に備えてカロリーに富んだ主食が豊かにとれるということで、何よりもありがたい。

主食といえば、米に比べてやや陰性の麦が春にとれて、麦めしや冷麦、そうめん、うどんとなり、食欲減退の夏の口に合うのも妙であるといえば妙である。夏から秋にとれる蕎麦《そば》が極陽の雑穀でありながら、夏にはなくてならない食品となるのも不思議である。

秋がくれば家庭では秋刀魚《さんま》を焼く季節という。霜がふり始めると、焼き鳥屋の屋台をのぞきたくなる。極陽の青魚のブリ、マグロがこの季節によくとれ、また美味になるのもこの時期からである。陰性の時期に陽性の青魚が美味となるのも自然の配剤であろう。また、その頃には大根や菜っぱ類が豊富にできて、魚に添えて出せば結構調和がとれるのも面白い。塩をしたり焼いたりして、陰の魚を陽の食品に変える生活の智恵も人間は持っていて、食は楽しく美術品にまで高められる。

前にも述べたが、この火と塩についていえば、これは原人の分別智というより生活の智恵で、自然人であった原人が、自然の妙味に感応した結果にすぎない。素朴な自然そのものの、海の塩と、草木を燃やした火の料理は正に食の芸術である。

正月のおせち料理も同様である。正月のめでたさを祝う料理として、塩鮭、数の子、こんぶ、黒豆を配する英智、それに赤色の魚の鯛、イセエビを配するのも、単に百姓の生活の智恵といわれるようなものではない。その智恵は、自然と人間が一体となってはじめて生まれる無分別の英智であろう。

さて、厳寒の冬にはネギ、ニラ、ノビルを添えた鴨やシシの肉がからだを暖めてくれる。食の乏しい冬ごもり中でも、秋とれた野菜の漬け物の味が、香の物として食をしめくくり、カキ、ウニ、ナマコなどの珍味が、また人間を楽しませてもくれる。

春を待つ間はこれまた、雪の中にフキノトウがのぞき、ユキノシタの葉が食べられるようになっている。セリ、ナズナ、ハコベを賞味している内に、一陽来復の春は窓の下まで来ているのである。

このように、日本の四季の食物を身近かな所からわずかにとり、その美味、滋味、妙味をかみしめながら、つつましく生きてゆく食生活の中に、天の配剤を見ることができる。また、天地の流転に従って、無為、無心に生きていく静かな人生の中に、かえって壮大な人間のドラマがかくされているのである。

この一人の百姓・漁夫の食事は、そのまま閑村の人々の一般的食事でもある。ただ美味を知って、自然の妙味に気付かないだけである。いや、気付いていて語らないだけである。

自然食は足下にあり、無心、無欲にして、農村漁村の人々は、天の理法にもとづいた食をしていたといえる。

食物の本質

大体食物というのは、何のためにとるのかといえば、食物は生命の糧で、人間の身体を育成せしめ、尽きるまでの生命を維持していくためのものだとのみ考えられがちである。しかし、それより以上の大きい問題は、人間の心と、どういう関わり合いをもっているかということである。

動物は、食べて、遊んで、寝ておればよい。人間も、快食、快便、安眠ができれば上出来とせねばならぬだろう。食べるものがおいしくて、楽しく遊び、よく寝る者こそ妙好人である。この、おいしいというのはどういうことか。滋養、栄養とともに、これは物の問題でもあり、心の問題でもある。

ところで、お釈迦さんは色《もの》即是空《こころ》、空即是色といった。仏教語の「色」は物をさし、「空」は精神《こころ》であるから、物も心も一つであると言っていることになる。物にはいろいろ異なった色、形、質があり、これに対して心もいろいろと揺れ動く。物心一如ということは、ここのところをさすとみてよかろう。色という言葉が物をさすというのも、物の本質はまず色に出るからであろう。それでは、まず、色の面から食物の本体をのぞいてみよう。

色

この世には七つの色があって、別々の色（物）にみえる。ところがこの七色は合体させると白色になる。もともと一つの白色光がプリズムで分光されて七色に分かれたにすぎなかったともいえる。人間が無心にみれば、色に色がなくて、無色で、有心でみれば、七色の心が七つの色となる。心は即色、色も心も、もともと一つとみてよいのである。

水は千変万化するが、水は水であるように、心が千変万化しても、もともと不動の心は一つであり、根元の色もまた一つであったので、人間は何もわざわざ区別することはなかったと言える。即ち重大なことは、色に七色の差があっても根本的には同価値であるということである。ということは、七色の色香に迷わされると、根元の色に気付かず、枝葉末節にとらわれやすいということである。

食物もまたしかりである。自然界には、人間の食糧となるものはいろいろ様々あった。部分的にみれば、良い点、悪い点があるから、人間は選択して、調和のとれた配色、組み合せをせねばならないと考えたり、また、いつでもどこでも、バラエティーに富んだものをとっておればよいと簡単に考えたりするのだが、これが間違いのもとになる。人智はどこまでも、天の配剤に及ばない。

さきに、自然には本来、東西があって東西がなく、左右も、陰も陽もない、中心中庸といっても、所詮人間の立場からみた相対的な中心中庸にすぎず、絶対的な中心中庸とはなりえないことを話した。

揺れ動く人間の心と、物がからみ合ってつくられた陰と陽、七つの色といっても、その時、その場で変転してとどまることがない。自然の色は、紫陽花の花のように変わりやすい。自然の本体は流転であり、変化である（永遠の流転であるが故に、不動の流転ともいえるが）。流転する四期四季の食物に理屈をつけたとき、自然は固定化し、死滅したものになってしまう。

自然食の目的は、上手に解説していろいろの食物を選択する知恵者を造ることではない。自然の園から食物を無心にとっても天道にそむかない、無智の人間を造るためのものである。

孫悟空の如意輪棒はふりかざして役立つものでなく、収縮消滅してはじめて融通無碍のものとなる。東洋の哲理もみずからの立場を捨ててはじめて、真の目的を達することができる。

色に迷わず、無心になって、無色の色を色とすることから、真の食が始まる。

味

色の次に味の面から食物の本質をうかがってみよう。

「食べてみなきゃわからないという。が、食べてみても、人それぞれ時と場合で美味しくもなり、不味にもなる。味の本体は何か、どうして味が把握されるか……と言えば、科学者はすぐ食品の成分を分析し、とり出したミネラルの質や量と甘酸苦鹹《かん》辛の五味との相関関係を調べることによって、味というものが解明できると信じている。

ところが本当のことを言うと、味は分析機械や舌先の感知によって解明されるものではない。五味が五官で感得されるとしても、その五官の眼、耳、鼻、舌、身で、味をかぎわける人間の本能そのものが狂っていたら真の味はわからない。科学者によってミネラルを抽出して食べると、美味しい楽しいという感情が発生した以降の心の動きや肉体の反応調査はできるとしても、人間の歓びや哀しみの感情がどうして組み立てられるかは判らない。コンピューターにかけたら判る問題でなくて、コンピューターを製作する以前の問題が問題なのである。甘いが美味だと教えこまれたコンピューターにかけたら、苦いが美味しい味だなんていう結果が出るはずがないというのと同じである。

本能をしらべる本能、智恵をしらべる智恵は無い。

春の七草に、七つの味があって、人間の味覚にどう作用するかを調査するのが大切なのではなく、現代人はもう本能を失って、春の七草をとって食べようとはしなくなってきていることが問題なのである。目・耳・口が完全作動していない。目は真の美を、耳は妙音を、鼻は気高い香気を、舌は真の美味を、心は正味のところを把え、伝達してゆく能力を失っていないかどうかが問題なのである。

狂った人間の知恵と、麻痺した人間の本能で把えた味が、本当の美味しい味とはいえない」

「人間の味覚が狂っているという証拠は？」

「狂って判らなくなったから味覚を人間は追求しているのだといえるだろう。狂ってなければ、正確に自ら判る。判別や追及は必要でないはずだ。

自然人（真人）は、あらゆるものを無差別にとったとしても、本能が狂ってないので、すべては自然の理法にかない、正食となり、何でもが美味しく、滋養になり、薬になるが、俗人は狂った智恵で判別し、狂った五官で多くのものをあさり求めてゆくから、食事が混乱し、好き嫌いの溝は深くなり、いきおい偏食となり、ますます本能が狂って本当の味から遠ざかることになって、美味しいものが少なくなる。そこでいろいろと味つけしたり、料理をして昏迷の度を深めてゆくことになる」

「というと、食物と人間の心が分離し、離れていったことが問題になるわけですね」

「そうだ。真の味覚は、真の五官、心眼・心耳・心香・心喉・心気と心意とによって覚知されるもので、食の味と心が渾然一体となっていなければならない。普通、味のもとが食物の中にあると考えているような人は、単なる舌先で食事をするから、インスタント料理の味にもすぐだまされる。

本能を失った大人の味覚は、もう米の味もわからない。玄米を精白して糠《ぬか》（健康の素）を取り去った白米（粕）を常食にして、米の粕《かす》の不味を補い、ゴマ化すために肉汁をかけたり刺身をのせて食べておれば、当然、美味しい米というのは味つけのしやすい米になり、米本来の特有の香りや味の無い淡白な米が上質な米と錯覚するようにもなる。また米の粕である精白米から無理に滋養分などとらなくても、強化米にすれば、あるいは栄養は他の肉や魚からとればよいと安易に考えるようになるのだろう」

「どの食品からとろうと、蛋白は蛋白、ビタミンBはビタミンBでよいのではないですか」

「ところが、それは重大な思考と責任のすりかえで、肉や魚も同様な運命をたどり、肉が肉でなくなり、魚が魚でなくなる始めとなり、石油蛋白が上手に味つけされたりして、一切が化学的人工食品に変わっても気付かない平気な人間に転落することになる」

「牛肉や鶏肉は美味しいというのが通例で、美味しいものは美味しい、即ち食品に味があるとみてよいのではないですか」

「人間は美味しいものを食べて美味しいのではない。美味しいと思う条件がその人に揃ったとき、はじめて美味しくなるのである。牛肉や鶏でも、そのままでは美味ではない。肉体的あるいは心理的に毛ぎらいする条件のある人にはまずい食品となる。

子供は楽しいから楽しい、遊んでいても何もしなくても楽しいのだが、大人は楽しくなくても楽しいと確信している条件、例えばテレビをみたり、野球を観戦したりしておれば次第に楽しくなり、ゲラゲラ笑うことにもなるのである。

これと同じで、美味しいものがまずくもなれば、まずいものもまずいという観念を植えつけた最初の条件を取り除いたりすると、逆に美味しいものに転換できるのである。

狐にばかされて、人間が木の葉や馬の糞を食べる話があるが、笑いごとではなく現代人は頭で食事をして、体で食事をしているのではなく、パンを食べて生きているのでもない。

現代人こそ観念というカスミの食物をとっているのである。

人間は最初は、生きているから食べ、美味しいから食べたのだが、現代人は生きるために食べ、美味しい料理を作って食べなければ美味しい食事はとれないと考えるようになってきているのである。

何でも美味しくいただける人間を造るのが先決なのに、人間を放ったらかしておいて美味しい食物を造る努力ばかりしてきた。そのために、美味しいものがかえってなくなったのである。

美味しいパンを造ろうとしたために美味しいパンでなくなり、豊富な食糧を作ろうとして、無駄なものを作り、人間は飢えることになったといえる」

「馬鹿馬鹿しい話のようだけど、この馬鹿馬鹿しさがわからなくなっただけ、人間の頭は混乱しているのでしょうか。

美味しい米作り、甘い果物作り、野菜作りといいながら、次第にうまい米、果物が消えてゆくのはどうしてだろう。現実に、どうもこの頃東京には美味しいものがなくなってきたと首をかしげる人をよくみかけるようになったけれど……

「米作りも、リンゴ作りも美味だという条件づくりに努力したため、真の美味から遠ざかる結果になっていることに気付かないのだ、残念ながら。

都会人の舌は麻痺し、心は真の味覚を忘れ、もう美味しいという条件を整えるだけで、美味しいと頭が錯覚してだまされて、美味しいという事実を誰も直視しようとはしない。それに迎合する生産者、便乗してもうける商人ばかりが横行する世の中になった」

「本当に美味しいものはどうすればできるのでしょう？」

「美味しいものを造らず、空腹であれば、美味しいものがこの世に充満してくる」

「しかし料理や味の追求もまた人間の生活の智恵であり、食の文化と思われますが、それは無価値なのですか」

「真の味の追求、真の料理というものは、究極においては自然の妙味の体得にあるといえるだろう。

春の山菜もあくを抜かねば食べない現代人は自然の味を味わうことができない。根菜類の日干し、塩漬け、糠漬け、味噌漬け等の漬け物類を香のものといって料理のしめくくりにした昔の人の生活の智恵、塩と火に始まる料理のつくり出す美味から滋味、包丁一本にかけた人生からつくり出される妙味というものが、どこの誰にでも通用するのは自然の味の真髄にふれるものがあるからである。

昔、貴人が聞香《もんこう》と言って、いろいろな香を焚いてその香りを言い当てるというのどかな遊びをした時、途中で鼻がきかなくなると、大根をかんで嗅覚をよみがえらしたという話などは、ぬか味噌くさい貴人の顔など想像され、誠に愛敬ある話で、味とか香りが自然からにじみ出るものであることを端的に表わしていると言えるだろう。

料理が、自然を加工して自然とは似ても似つかない珍味や奇妙な味を出して、人間をよろこばすのが目的になれば似非《えせ》文化になる。

包丁もまた剣と同じこと、使う人、場合で正にも邪にもなる。一口にいえば禅と食は一如、自然食の醍醐味を味わうがために精進料理や懐石料理があると言える。したがって、百姓が土足では行けないような高級料理店の奥座敷には、不自然な怪石料理があっても、つつましい自然の懐石料理はもうない。いろりのはたの番茶の方が、茶席の玉露よりうまい世の中になっては、茶の文化も終わりである。文化というものは、自然から離反して創造され、維持され、発展してきた人為的な所産と考えられているが、実際に人間生活に密着し真の文化として後世に永く継承され、保存されてきたものは、常に自然の根源（神）への復帰に出発し、自然と人との融合、合体が達成されたとき自ら形成されたものである。人間の遊びやおごりから生まれ、自然から脱却したものは真の文化とはなりえない。真の文化は、自然の中に生まれ、純粋でつつましく素朴なものとなる。でなければ、人間はその文化のために亡びるだろう。

人間が自然食から脱却して、文明食をとるようになったとき、人間はその食によって衰亡する。それが真の文化ではないからだ。

料理人の包丁は両刃の剣であって、禅の道にも通ずると言ったが、食は生命《いのち》、まかり間違って食が自然の大道を踏みはずせば、食が人の生命を失わしめるばかりか、人の道をも誤らしめることにもなるだろう」

栄養

食は生命の糧と言われるが、栄養の面から食物の本体を見てみよう。

美味しいものを食べるにこしたことはないが、身体を養うため、栄養をとるため食事するのだとよく言われる。

美味しくなくても、栄養になるものだから、食べなさいと、よくお母さんなどが子供に言っている。

これも人間の思考の逆転のよい例である。より働くためにカロリーをとり、長生きをするというのと同じである。

美味しいという味覚と、栄養が分離しているということが、そもそもおかしいので、栄養になる、人間の身体によいものは自ずから人間の食欲をそそるはずであり、美味しい食物となるはずである。美味、滋味、妙味は一体のものでなければならない。

一昔前のこの附近の百姓の食事は、麦飯に醤油のもろみ、漬け物で結構美味しくて、それで長寿で体力もあった。月一回の野菜の煮ものがついた小豆飯は最高の御馳走であった。

それで栄養がとれていたということはどういうことか。栄養がとれていたというよりは、粗食も野良仕事で腹が空くから美味となり、頑健な身体が粗食を栄養食に転化させたというべきだろう。玄米、菜食、一汁一菜というような東洋の食事に対して、西欧の栄養学は、あらゆる栄養分（澱粉、脂肪、蛋白）のほかビタミン、ミネラル（元素）などをまんべんなくとって調和のとれたバランス食をとらねば、健康が保てないと考えているわけである。したがって、美味しかろうが不味かろうが二の次で、子供の口に滋養食をおしこむお母さんも出てくるわけである。

西欧の栄養学は一見科学的で緻密な計算の上に成り立っているから、いつどこで適用しても何の間違いもおかさないだろうと考えられ易い。が、根本的には大禍をおかす危険があるのである。

第一の問題は、西洋の栄養食には人間としての目標がない。人生の終局目標を見失った盲目人間の献立表を見る思いがするということである。自然に近づけよう、自然のサイクルに合わそうとする努力がみられない。人智にたより、人智を過信するため、むしろ反自然的孤立化人間を造るのに役立っているようにみえる。

第二に人間が精神的動物であることが忘れられていないだろうかということである。人間を単に生物的、機械的、生理的対象として捉えただけでは不完全である。人間の日々の生命、肉体は極めて流動的で精神的にも波乱にとんだ動物である。

考えるモルモットがおればともかく、猿や鼠を材料にして組み立てられた栄養学を人間に適用させようとするのが無理である。

人間の食物は、人間の喜怒哀楽と直接間接に結びついているものであり、感情をぬきにした食事は意味がないともいえるだろう。

第三に西洋の栄養学は部分的、局時的把握に終始していて、とうてい全体的把握とはなりえないということである。

部品的な材料を、どんなに豊富にとり揃えても完全食に近づくものではない。人智にもとづく部分的なこまぎれ材料を寄せ集めれば集めるだけ、自然から遠ざかった不完全食が生まれるだけである。

〝一物の中に万物があるが、万物を集積しても一物は生まれない〟。西洋の科学は根本的にこの東洋の哲理が理解できないため誤りを犯してゆくのである。一匹の蝶を分解し、どこまでも調べていくことはできるが、人間は蝶を飛ばすことはできない。蝶を飛ばすことができたとしても、蝶の心を知り、蝶と遊ぶことはできない。

西洋流の日々の献立づくりの経過から、その是非をのぞいてみよう。

勿論行き当たりばったりの食事がダメであることは言うまでもない。毎日栄養のバランスのよい食事をつくるため、毎日何をどのくらい食べたらよいかと考えていくのが、一般的な献立づくりである。一例として女子栄養大学の方法をあげてみる。四群点数法というのを採用している。

第一群、栄養を完全にするため、牛乳、鶏卵のような良質の蛋白と脂肪、カルシウム、ビタミンを三点常用する。

第二群、肉や血を作る栄養分として、アジや鶏肉、とうふで三点をとるよう努める。

第三群、体の調子をよくするために、ビタミン、ミネラル、繊維をとるためには、淡色野菜、緑黄野菜、ジャガ芋、ミカンを三点とればよい。

とる。
第四群、エネルギーや体温となる糖分、蛋白、脂肪として、白米、パン、砂糖、油脂を十一点分八十カロリー分を一点としているから、これで一日千六百カロリーがとれ、食事のバランスがとれるというわけである。牛肉は八十グラムで一点、八十カロリーがとれ、モヤシだと五百グラムで一点に、ミカンだと二百グラム（三個）で、ブドウは百二十グラム（一房）で一点になる。毎日ミカンなら一日四十個、ブドウだと二十房食べておればカロリーはとれるがバランスがとれないから、いろいろ各群のものを混食するのがよいというわけである。

この場合は極めて常識的で大禍がないようにみえるが、これを広い範囲で現実の問題として画一的に実施したらどうなるだろうか。

一年中上質の牛、卵、ミルク、パンなどのほか、三色の野菜を常備していなければならぬことになる。多量生産、長期貯蔵などの対策も必要となってくる。生産者が冬にレタス、キュウリやナス、トマトを作らねばならなくなったのも、案外こんなところに原因があるのかも知れない。

百姓に冬にミルクをしぼれ、夏にミカンの早出しを、春の柿はないか、秋の桃を作ってくれと言い出すのも間近いだろう。夏も冬もなく、多くの食品類を集めてさえゆけば本当にバランスがとれるのだろうか。山川草木はいつも最良最高のバランスをとって芽生え、成長し、みのっている。時ならぬ時の野菜、果物は不自然であり、不完全である。

十年前、二十年前、太陽の下で自然農法で作られていたナス、トマト、キュウリは現在もうない。冬も秋もなく、温室の中で作られるナスやトマトに、昔の味も香りもないのは当然であり、多くのビタミンやミネラルを期待する方が無理である。

科学者はどこでも、いつでも完全な栄養をとるために努力しているつもりだが、かえってますます不完全な栄養分しか入手できなくなっていくのが現実である。この矛盾の根本原因を科学者はつかみえないのである。

栄養学者は、栄養分析をしていろいろな栄養分だけを組み合わすことが、間違いを起こす第一原因になるとは考えていない。

陰陽の原理から言うと、この基準食品の肉、牛乳、鶏、アジなどは、極陽、酸性の食品で、ジャガイモは極陰の野菜で、日本人にはあわない。最悪の食品ばかり集めたことになっている。

農民も、時ならぬ時にいろいろの食品を作ることは、食糧を豊かにする方法だと考えていて何の疑いももたない、自然食や自然農法の意味など考えようともしないで。

技術者も、これに同調して新しい食品の開発や作り方の研究に努力する。

流通機構の者や政治家は、いつも市場で多量の品揃えができてさえおれば、食は豊かで人間の生命は安泰だろうと考えているのだが、実はこのような思考と人間の愚行が、人間を破滅の淵にひきずりこんでいるのである。しかし、倒錯した人間の智恵と科学の幻想についてふれることは、もうやめよう。

自然食についてのまとめ

この世には、大別すると次の四つの食事法がある。

(一)は、外界の条件に左右され、邪欲、嗜好に合わせた放漫な食事で、いわば頭の先で食べる観念食である。いわば放縦食（虚食）である。

(二)は、生物的判断から、栄養食品をとって肉体の生命を維持し、嗜好の拡大につれて、遠心的な進展をつづける一般人の肉体本位の栄養食である。いわば物質的な科学食（体食）である。

(三)は、西洋の科学を越え、東洋の哲理を心として、食物を制限し、求心的な収斂をめざす自然人の精神的な理法の食（理食）である。

一般に自然食といわれるものが、この中に入る。

(四)は、一切の人智を捨てた、無分別の天意に従った食事法である。これが理想の自然食で、無分別食と名づけておく。

人はまず、万病の素となる虚食を離れ、生物的生命維持に過ぎない体食に満足せず、理食を実践してなお理食を超え、真人となって理想の自然食をとることを究極の目標とせねばならぬことは言うまでもない。

まず理想の食の概念から述べておく。

理想の自然食（無分別の食）

人間は自分の力で生きるのではなく、自然が人間を生み、生かしているのであるという立場に立つ。

真人の食は、天与の食事であって、食物は自然の中から人間が選択するものではない。天が人間に与えるものである。

食は食物にあって食物になく、人にあって人にもない。食物と肉体と心が完全に自然の中で融合して初めて真の自然食が可能になる。いわば天人合一、無分別の食事である。

もし人が真人であり、心身が真に健康であれば、人間は自然の中から誤りなく正しい食物を無分別でとる能力が自然にそなわっているはずである。

身体のまま意のままに従って、美味なれば食をとり、不味なれば食を断つこと融通自在で、無為、無策で、自由奔放、しかもそれで最高の妙味を味わう理想食になる。

理想の自然食を究極の目標として、常人はその一歩手前の自然食を先ず実践し、自然人となるよう精進せねばならぬ。

自然人の自然食（理法の食）

自然には万物があって、あり余ることがなく、一物が不足するということもない。自然の食物は、一物全体で、一物全体の中に、味覚、滋味、妙味のすべてが凝結せられている。自然はいつも一物全体であり、全体また一物であって、完全無欠、調和のとれたものとなっていることを肝に銘ずべきである。人間の尺度、取捨、選択、調理、配合を許さないのは当然である。

人は宇宙の原点、秩序、自然の輪廻を説くことができる。陰陽の哲理を応用して、人体の調和を計ることもできるようにみえる。が、その限界を知らず、理法にとらわれて人智をふり廻すと、微視的に一物小事を見て、全体の大事を見ず、巨視的に自然を把えているつもりが、足もとの小事にすら気付かないという愚におちいる。

人智はどこまでも、自然の全体はもとより、一部も知りうるものではない。要はどこまでも人間は自然界の孤児である立場を想い、人智を捨てて自然に帰順し、天の配剤に恭順する姿勢に立つのが自然食を熱望する者の立場である。火食、塩味つけ、万端ひかえめにして腹八分、手近な所で得られる四季おりおりの旬《しゅん》のものをとればすでに十分である。一物全体、身土不二、小域粗食に徹することである。広域過食が世を誤らせ、人を病ませる出発点になっていることを知るべきである。

一般病人食

舌先の味覚を追う虚食や、食物を単に生物的生命を維持するための科学食品と考えている人達には、自然食は無縁で粗末な原始食としか考えられないだろうが、彼等も自分が病体であることに気付き始めたときから、自然食に関心をもち始める。

病気は、人間が自然から離れた時に始まり、その遠離の程度に応じて重態になる。だから病人は自然に還れば、病気も治るのは当然である。自然離反が激しくなるに従って病人は激増し、自然復帰の願望も強くなる。だが自然復帰をしようにも、その自然が何か、自然体が何かわからないから困る。

山の中で原始生活をしても、放任は学べても自然はわからない。何かすれば、それがまた不自然になる。

このごろ、大都会の中に生活していて、自然食を手に入れようとする人々が実に多い。たとえ手に入れたとしても、それを受け入れる肉体もなければ、自然な心で食べられるわけでもないから、自然食を食べることにはならないのだが……。

現在、農民は何一つ自然食品なんてものは作っていない。都会の人が、自然食をしようにも材料は何もない。こんな状況の都会の中で完全な栄養食をしよう、陰陽のバランス食をとろうとすれば、神業に近い技術と判断を必要とするだろう。自然に還るどころか、複雑怪奇な自然食ができて、ますます自然から遠ざかるばかりである。

さまざまな環境の人、異なった形、質をもった人々に、一定の規格に入った自然食をおしつけることはできない。といってさまざまな自然食があるわけではない。

ところが、世間でとなえられている自然食運動をみてみると、さまざまである。

人間は本来動物にすぎないから、生食でなければならない。生葉の青汁がよいとする者があれば、生食は生兵法怪我のもと、危険食というお医者さんがいる。玄米を原則とする自然食に反対して、白米を主張する科学者もある。煮たきすることによって、人間の食が豊かに、健康にもよいと主張する者があれば、病人を造るのに役立つだけだと説く者もある。生水がよい、いや悪い、塩ほど貴重なものはないといえるかと思うと、塩のとり過ぎがもとになる病気が多いと説く者もいる。果物は陰性で猿の食物で人間の食ではないと遠ざける者がいれば、果物と野菜が最高の延命長寿の食物だと主張する者もいる。

時と場合で、いずれの説も正しく、いずれも間違いと言わざるを得ないのだから、人は迷うのみである。というより迷った人間からみれば、すべては迷いの材料になるだけである。

自然は流動的に刻々変化し、人は一物の本態をつかむことはできない、つかまえどころのないのが自然の実相である。つかまえどころのない実相を固定化した諸説の理論によって拘束されると、人が迷うことになる。

当てにならぬものを当てにすれば、当てがはずれる。自然には本来右も左もない、したがって中庸もない、善悪陰陽もない。人がたよれる何の基準も、自然は人に指示していないのである。主食が何でなければならぬ、副食はこれに限ると固定化することが無理なことで、自然の実相からかけ離れる結果になる。

人は、自然がわからない。しかも行き先を知らない盲人である。だからやむをえず、智恵という科学の杖をついて足もとをさぐり、夜空の星のような陰陽の哲理をあてに方角を決めて進んできたにすぎなかったのである。

どちらにしても、人間は頭で考え、口で食をとってきたのだが、私が言いたいのは、頭で飯を食べるな、心頭を滅却せよということである。

先に画いた食のマンダラ図も、百の理屈より、一見してわかる、時と場合、健病の度に応じて、求心的な食物をとるか、遠心的な食でよいかを決める食の羅針盤としたいと思ったのだが、これも一度見たら捨て去ってよい。

それより先ず人が自然人になり、身体に食物を選択する能力、咀嚼《そしやく》する力を復活させることが先決である。

食物そのものと人の嗜好や肉体ばかりを考えて、人間自身を放っておいたのでは、お寺参りをして、お経ばかり読んで、仏を放っておくのと同じことになる。

哲理を学んで、食を解釈するより、食生活の中から哲理を知る、いや神を知る、仏になることが目的である。

問題は、ああすればよい、こうすればよいという自然食を説くよりも、無一物即無尽蔵、何がなくてもよいという自然人を造れば、万事が氷解する。

病をこしらえておいて、病人を治す自然食に没頭するより、病人が出ない自然食の確立が先決であろう。

私は、病人と思わぬ健全な人こそ重患の病人であり、そのような人を救う道こそ重大だと思っているのである。病人は医者が助けてもくれるが、健康な者を救ってくれる人はいない。その名医は自然のみである。

自然食の最大の価値と役目は、人間を自然のふところに還すことにある。

山小屋に入って原始生活をし、自然食を食べ、自然農法を実践する青年達は、やっぱり人間の究極目標に向かって、最短距離に立つものの姿といえるだろう。

追章　〝わら一本〟アメリカの旅

――アメリカの自然と農業

カリフォルニアはなぜ砂漠化したか

このとし（昭和56年）七月と八月、日本を離れたことのなかった男がアメリカへ行ってきまして、別に用事はないと思っていたんですが、非常に興味深い旅行ができました。

自分は、飛行機に乗ったのは初めてです。一万メートルの高い所へ上がったからかどうか、だいぶ視野が開けまして、今日は少し大きな話をするかもしれません。

飛行機に乗ったら、孫悟空《そんごくう》が雲の上を飛ぶような光景になるんじゃないか、非常に愉快な気分になるんだろう、と期待して乗ってみたんです。

ところが、上を飛ぶから確かにすばらしい光景と言えば言えるんですが、飛行機の窓から見ると、何にも下にないんですね。ポカンと鉄のカタマリが浮かんでいる感じで、飛んでいる感じが全然しない。向こうの雲が次々と動いて来るだけなんです。

それだけならいいんですが、しばらくすると、もう窓はしめてしまって、映画をやり出すんです。なんのことはない、ふつうの部屋がそのまま飛行機の中へ持ちこまれたような感じです。その映画がギャング映画みたいなもので、日常の生活をそのまま飛行機の中へ持ちこんで、みな、退屈したような顔をして黙って乗っている。

自分はこっそり窓をあけて、外をのぞいてみました。上から見るから、さぞすばらしい気分になるかと思うが、そんな感じはツユほどもしない。なにか、田んぼから出て来たカエルか羊が閉じこめられて運ばれている、という感じです。

そこで感じたことはどういうことか。九時間ほどの間に太平洋をひと飛びする機械を発明したということは、これはもう、人間の科学が自然を征服したということを痛切に感じさせる光景ですが、はたして、自然というものを人間は征服しただろうか、という疑問がすぐに浮かんでくる。

自然は、なにか無縁なところで知らん顔しているような感じがする。もしも神というものがあるとしたら、あの一万メートルの高空というのは、自然と人間と神との対決の場だ、という感じがいたします。非常に身を引き締められるような感じがして、サンフランシスコの上空まで、じっと考えさせられました。

サンフランシスコの上空へ到着してみて、いちばん疑問に思ったのは、褐色の大地の中に点々と樹木がある光景で、日本のように、緑の中に樹々があるのでない。非常に不思議な光景に見えました。飛行場からバークレー（サンフランシスコの隣りの大学都市）へ行くまでの自動車から見ますと、そこに展開される山もまた、まったく褐色なんです。表土が流出して、山骨が露出している。

「なんでこんな山なのか」と聞きますと、昔、マンガンが非常に出たためにそういう山になった、という説明なんですが、どうも自分には納得できない。その晩はバークレーに泊まって、翌日からカリフォルニア大学などを案内してもらって歩きまわってみた。

カリフォルニアの平原は、褐色の平原なんです。行けども行けども、何時間走っても、そういう景色ばかり。自分が疑問に思ったのは、なんで下の草が褐色か、ということなんです。

生えているのは、フォックステール（キツネのしっぽ）や野生麦を主とした牧草類で、非常に土地がやせていて、褐色の草原の中に、砂漠に生えるような数種の木が点々とあるという光景です。ときどき、何百町というようなトマト畑などが、パッと出てきたりします。しかし、必ず水を引いて作っている。緑のあるところは必ず水が引いてあります。そうしないと、褐色の草原になってしまう。

牛の放牧にしても、大平原の緑の中で、牛が悠々と遊んでいるのかと思ったら、特別のところに緑の草があって、ふだんは、褐色の草原の炎熱の中で、あえぎあえぎ放牧されているのが実情です。ところが、バークレーの町や、その中のカリフォルニア大学の構内は緑一色なんです。非常に美しい町に見えるが、その緑は、芝生の緑と、保存された木の緑で、自然の緑ではない。

これが本当のカリフォルニアの自然か？　という疑問を持ちまして、カリフォルニアの昔の植物のある古代植物園、自然公園などを一日がかりで走りまわってみました。まあ、アメリカの四十日間は、足許の雑草をみてまわったような結果に終わってしまったのです。

サンフランシスコの郊外の山の中へ行くと、時にユーカリの大きな木がたくさんあるんです。大きな木といえば、ユーカリばかりです。しかし、これはカリフォルニア本来の木ではない。オーストラリアの木です。それがスクスク育っているが、アメリカの木らしいものは何もない。

大学の中にある杉やヒノキも、そこに本来、生えていたとは思えない。町の外へ出れば、褐色の光景が展開される。まったく、砂漠の中にある人工の島が、サンフランシスコであり、バークレーであり、ロサンジェルスの町なんだ、という見方ができる。

カリフォルニア州の砂漠化した山

ところが、その砂漠の草の中に、日本の雑草の何種類かが見えるんです。これはどういうことなんだ、と疑問を持ったわけです。

翌日、サンフランシスコの海岸にある〝禅センター〟という所に案内されました。日本人の鈴木俊龍老師が始めて、あとアメリカ人が引き受けてやっているところで、会員が四百人いて、四十人ほどの男女の坊さんたちが寝泊まりしている。朝晩、坐禅を組み、日中は谷底の二十アールばかりの畑に野菜を作って自給生活をしている。

日本の禅寺では、今、百姓をしている所は、あまりないと思います。アメリカには、この〝禅センター〟のようなのが、何十とあるということです。四百人の会員は、勤め人や学生などで、そこへ来て、修行しながら勤めに出る。あるいは、泊まりに来たり、キャンプをやったり、労働したりする。思想の追究と百姓の生活が密着している。非常に興味を持って見ました。

一応、有機農法をやっているんですが、香辛料を主にした、非常に限られた種類の野菜しか作っていない。

それも、ユーカリの木に取りかこまれた谷底に畑がある。まわりは褐色の山なんです。フォックステールの草が生えていて、荒れ果ててしまっている。少し緑が見えますが、一メートルか、せいぜい二メートルくらいの灌木《かんぼく》で、むしろ、砂漠に生えているようなものです。で、役に立つ木は少しもない。

そこで相談を受けたのは、そこで米が作れないかということと、野菜の作り方はこれでいいか、ということなんです。道具類を見ますと、アメリカ人の体力に応じた腕力にたよる農機具ばかりで、スキ、クワにしても、能率がわるい。

そこで、クワや鎌の使い方を指導してみたりしましたが、野菜の種類が少ないことを痛感しました。もう一つ、褐色の山が本当のカリフォルニアの自然か、ということに関連して、海岸へ行くまでの道路端などを見ますと、褐色の草の中に、大根の原種のようなものや、日本の雑草があるわけなんです。

海岸へ出てみると、右方の山に、緑の森のような区画がある。五十年ほど前に、日本の松に似た木を植えて、今は高級住宅地ができているんです。

反対側に同じような山があるが、これは砂漠なんです。同じ条件で、片方は緑で、片方は砂漠。これは、なぜか？

そこで結論として、カリフォルニアは本来、昔から砂漠だったんではない、何かのキッカケで砂漠になったのではないか、また、その復活ができないのでもない、という感じを持った。

スペイン人が悪い草を持ってきた

その海岸から二十分ほどの、レッドウッドの森という所に行きました。そこは、日本でいうと数ヵ村くらいの面積で、原始林みたいに、二百年、三百年の木が林立している。日本でいうと、杉、ヒノキ、というような大木で、七、八十メートルあるんです。カリフォルニアには、ところどころに、氷河が来た時に、まわりは全滅してしまったのに、取り残された〝氷河の森〟があって、樹齢二千年、高さ百三十メートルなんて巨木があるところがあるんです。

そこに八十歳ほどの大酋長《しゅうちょう》がおりまして、「あんたは、この森の守り神か」と言ったら、「そうだ、それはいいことを言ってくれた」と、えらい喜びまして、ずっと案内してくれて、いろんなことを学ぶことができました。(帰国後、この老人から、三百年生のレッドウッドの木の梢で造った手造りコップを贈られた。)

「昔から、ここはこうなのか」と聞くと、「そうだ」と言う。二百年前の森がそのまま保存されていて、国立公園になっている。幅四メートルくらいの道があって、ロープが一本引いてあるだけで、ほかに何も設備はない。ベンチひとつ置いてない。

車で十分の、外は褐色の砂漠だけども、そこはパッと違って、うっそうとした大森林になっている。下草の三分の一くらいは、日本の草みたいなものです。皆さんも、それだけ聞くと、おかしいと思うでしょう。砂漠の中に鎮守《ちんじゅ》の森のようなものがあって、日本の草が生えているなんて。

昔からここはこうだった、と言うから、「カリフォルニアの昔はどうだったのか。いつからか、狂ったはずだ」と言いましたら、彼は、スペイン人が来て牧畜をやった時から狂ったような感じがする、というようなことを言う。

いろんな所で調べたり、あとから聞いたりしました結論は、そのフォックステールはスペイン人が持って来た牧草の中に入っていたのではないか、それがカリフォルニア全体を支配している、と自分は見たわけなんです。

これが、なぜ支配するかというと、フォックステールは、六月頃に実が入って熟すんですが、日本ならば、一つの草が成熟して枯れれば次の草が生えるはずなのに、これが緻密《ちみつ》に生えているために、他の草がよう生えない。そのために、野山が一面に褐色になってしまう。

その実が、トゲがあって性質《たち》が悪い。着物に突き刺さると抜けなくて、中へどんどん入ってしまう。犬やネコが草原を歩いて刺されたら、肉まで入ってしまい、手術しないと抜けない、と言うんです。そういうものが鶏や獣について拡がったために、褐色の草原になってしまう。そうすると、三十度の温度があれば、当然、反射熱で四十度には上がってしまう。こうして気温が上がって、熱の砂漠になってしまう。

結論として、自分の推察は、スペイン人が草を持って来た時からカリフォルニアの草が変わってしまった。雑草がなくなってきた。それがアメリカの気温を変え、それが砂漠化のスタートになったんではないか――そういう感じがしたんです。

そんな気持ちを持ちながら、数日後に州政府のあるサクラメントへ、環境庁の長官に呼ばれ、三十人ほどの役人に話をしに行きました。長官の部屋へ案内されて行ってみると、ナンバー2の実力者だという背の高いスマートなお嬢さんがいました。そこで、彼女と会の始まる前、三十分ほど話したんです。

私が座りますと、机の上にあった石をよこにそっととりのけました。妙な石だなと思って、「それは、カリフォルニアの石か」と尋ねますと、「いや、そうではない」とゲラゲラ笑って「これは、ロシアの石なんだ」と言うんです。

「自分は、カリフォルニアに来て、いろいろ疑問を持った。というのは、砂漠でありながら、日本の雑草みたいな草がある。いったい、このカリフォルニアの母岩はどうなっているんだ」

ということを聞いたんです。

すると、彼女は、

「実は私はもともと鉱物の専門学者だった」

と、分厚い本を持ってきて示すんです。その話が、日本列島とサンフランシスコあたりの母岩が一緒だというんです。また、北海道の島々とカナダの南の方の母岩が一緒。シベリアとアラスカ、東南アジアとメキシコ付近の石もまた一緒だと言うんです。全く相似的に分布している。

そして、昔、太平洋は大陸だったという説もあり、山が爆発した時に、溶岩が東西に流れて、そのようになったんではないか、と言うんです。

日本には富士山がある。カリフォルニアにも同じくらいの高さの火山が、ちょうど同じような所にある（シャスタ山、四三一七メートル）。富士山があって、雑草が一緒で、石（母岩）が一緒だったら、太古は一緒だったかも知れない。

一番の違いは何かというと、現状は、日本には春夏秋冬がある。向こうには夏と冬しかない。春と秋がない、雨が降らない、ということなんです。母岩と雑草が一緒だったら、昔は同じような気候があって、雨も降っていたんじゃなかろうか。それが、いつの間にか、向こうは砂漠になり、日本は四季のある温和な気候になっている。

会の始まる前にそんな話をして、カリフォルニアの現在の自然は本当の自然ではないんだろう、おそらく、いつ頃か、人間、機械などによって変えられた気候、景色である、という確信を深めたような感じがいたしました。

雨は下から降る

そこで、会での話も勢い、そういう話になりまして、

「自分は、サンフランシスコから、ここへ来るまでの景色を目を皿のようにして見ていたけれど、サンフランシスコをちょっと離れるとすぐに褐色が始まる。砂漠化してゆく過程がよく現われている。そして、サクラメントの町へ入ったとたん、また緑の木が一面に生えている。草花が植えられていたり、サボテンが植えられたりして、緑になっている。こういう緑を見ると、全く砂漠の中のオアシスという感じがする。サクラメントも美しい町だが、しかしこれは作られた人工的な緑だと

いう感じがする。ところで、サクラメントは昔から、こういうふうな緑の所であったのか」と、話をしながら、いろいろ聞いてみますと、

「いや、そうではなかったかも知れない。その証拠に、サクラメントには、こんな家が二、三軒ある」

という話が出た。あとで、その家へ案内してもらいましたが、二階へ直接入るような階段がある。洪水で、水が引かないから、直接、上へ入ったという。あの砂漠の中のサクラメントの町が、二百年、三百年前に、そんなに水が出ていたということが、証拠として残っているわけなんです。

雨が降らないのが大陸的気候だ、と盛んに言われるんです。気象学から言えば、雨は上から降るかも知れないけど、哲学的に言えば、雨は下から降るもんだと自分は思う、と言ったんです。下が緑になれば、そこに水蒸気がわいて雲がわいて、雨が降るんだ、と。

土がやせる農法

褐色の草になって、キツネのしっぽに化《ば》かされて、雨が降らなくなって、雲が出なくなってきた。そこへもってきて、その後の近代農法は機械化をし、化学肥料を使い、農薬を使う農法が発達した。自分は、足で歩き、土を掘ってみて、カリフォルニアの大地は、本来はやせてなかった、と見たんです。やせてなかったが、表面の土は非常にやせてしまっている。それは、畑に水を入れて、二十トン、三十トンの機械で、年に四、五回こねくるものですから、もう壁土みたいになってしまっている。そして、太陽熱が乾《ほ》しつける。ちょっと乾いている所はこぶし大の亀裂《きれつ》が入っている。水

を入れて練って固めて干したら、亀裂ができるのは当然なんです。

ところが、キャタピラーの通っていない、畑のすみなんかを見ますと、そこの土は、自分の田のようにポカポカした、いい土なんです。これは、昔はやせていたんではなかろう、土を耕耘機《こううんき》でかきまぜるたびにやせてしまっただけの土なんだろう、と、そこの農夫に説明したわけなんです。化学肥料と農薬とでさらに追い打ちをかける機械化農法で、大地がますますやせてくる。

現代の科学者に言わせますと、牧畜をやれば土地は肥えるはずだ、と言います。実際はどこでもやせている。オーストラリアの青年の話を聞きましても、インドの青年の話を聞きましても、やっぱり、畜産をやれば土地がやせる、というのが自分の結論なんです。

なぜ、やせるか。

アメリカ大陸でも、初めスペイン人が畜産をやって、土が肥えるはずだが、やせさせてしまっている。牧畜をやって、牛の糞尿がぜんぶ土に返っておれば、やせるはずはないように見えますが、実際はやせさせてしまっている。雑草が単純化するからです。そこへもってきて、最近は、近代農法をやって、さらにやせさせてしまっている、という悪循環がおきている。

スプリンクラーで水をまいて草を生やし、化学肥料をやって太らし、それを機械で刈って梱包《こんぽう》して、世界中へ牛の飼料として輸出している。

皆さん、日本の牛や豚のエサが日本の草だと思ったら大間違いで、何百頭も飼っている今の牧場の牛の草は、アメリカの草なんです。その草を持ち出しているから、アメリカの大地はやせてくる。アメリカの畜産農家は裕福だろうと思っていたら、案外そうじゃない。やせてしまった土地に、石油で作ったものを投下して作った草を売っているにすぎない。足許の土は、ますますやせる一方である。金もうけはしているが、土地はやせているから、根本的には、マイナスの農業をやっているわけです。

荒れ果ててしまって、畜産農家が脱落したところへ、今度は果樹農家が入っている。やせた土地にスプリンクラーを設置して、化学肥料を使って、スモモ、アンズ、オレンジを作る。それは、自然を利用して作っている農法でなくて、石油エネルギーで作っている農法なんです。その水も、中には近い所から引いているのもありますが、何百キロも先から、えんえんと引いてきている。そしてスプリンクラーで撒水して作物を作る。ところが水が蒸発するとき、地中の塩分が吸い上げられて、地表に塩がたまり塩田のようになってしまう。

アメリカ農業は狂っている

アメリカへ来るまでは、日本の農家の窮状を訴えて、農作物や畜産物をあまり輸出しないでくれ、とアメリカの農民に頼むつもりでいたんですが、どっこい、そうじゃない。見てみると、アメリカの農民がいかに苦しいか、ということが身にしみて分かるんです。ふところ具合もよくない。自然の力で作っている農作物でなく、石油エネルギーを加工した農作物を出しているにすぎない。だから、百姓は何もいいところがない。サンキストなどの商社だけが、果汁を日本に持って来たりして、大もうけしている。農家は、非常に素朴な精神で、素朴な農法をやっているにすぎない。質素な生活で、食事などはまるで豚のエサです。近代的な機械を使い、農薬を使い、飛行機を使って、近代農法に見えますが、やっていること自体は、非常に素朴で、幼稚な農法で、しかも単純な作物しか作っていない。

中部のとうもろこし地帯は、とうもろこしばかり作っている。親の代も、孫の代も、とうもろこしばかり作っている。いくつもの州が、とうもろこしばかりです。その先へ行くと、大豆ばかり作っている。二百ヘクタールも三百ヘクタールも、バカみたいに大豆ばかり作っている。あと、何も作っていない。その向こうへ行くと、麦ばかり作っている。それで、自家用の野菜をほとんど作りません。自給自足していないから、生活は苦しい。日本の百倍耕して、日本の一ヘクタールの農民に及ばない。しかも、自然の恵みをとっている農作物ではない。アメリカの農民が裕福でないというう、その根本は、自然を狂わしていることで、そのまた元は、アメリカ人の食生活が肉食だった、ということなんです。欧州から入ってきた、イギリス人、フランス人、スペイン人、みな肉食です。二、三百年前の開拓時代から、肉食のための農業が始まって、それが、アメリカの大地を徹底的に狂わしてしまった、ということが言えるのではないか。人間の生命の糧《かて》を作るのではなく、ブタや牛のための農業はあるけれど、人間のため、大地のための農業は、ひとつもないじゃないか、ということを言ってきたんです。

フレンチメドウの原始林で一週間、巨木、巨岩を背にして、百人余の人たちに、紺の甚平姿で、自然農法や一切無用論を、楽しく、時には激しく話すことができたのは幸いでした。最後の晩、私を送ってくれるキャンプファイヤーは、感激の極《きわ》みでした。私でも役に立てたことを知りました。

山を降り、加州平原を観察、西行し、アパー高原の草原を開拓しようとしている、数ヵ国の二十数名の青年らの共同体キャンプに行きました。一面の褐色のフォックステール草をどうするか、苦慮しましたが、夜空の星の下で、ふと想いついた害草退治の名案に、私はひそかに心の中で小躍《こおど》りしました。加州の夏草は枯れているのでなく、夏眠しているだけなのだ、眠りから目覚させればよいと気付いたのです。熱砂の加州の緑化をはかる壮大な試みも夢ではないという確信を得たのですから。さっそく翌朝から、青年たちと、加州を緑の大地にして雨を降らそうと誓いあい、実行にかかりました。（帰国後、第一段階のテストは成功との報告を受けました。）このことが、あとで、国連で話す糸ぐちにもなりました。（国連で、未開発国の砂漠化防止を立案してくれと言われ、さすがの私も苦笑しました。）

アメリカも松枯れがひどい

ヘルマン相原さんの開く、フレンチメドウのキャンプ場へ行くまでの山でも、松が日本と同じように枯れているんです。しかも、カリフォルニアの松は、全滅といってもいい状態なんです。日本よりも十年早くやられている感じです。

松の種類こそ違いますけど、枯れ方は日本と全く同じです、一本枯れたら、翌年は数十本が枯れるという状態で、最初の徴候も同じ。同じ原因だ、と自分は見ました。

それと、木を切り出して、山から運んで来る自動車に、一時間に二十台ばかり出会いました。木材の霊柩車《れいきゅう》だ、といって、運転していた米人と大笑いしましたけど。

この木が、日本にも輸出されているわけです。切った所を見ると、数年前に切った所が砂漠になっている。いっぺん切ったら、植林することはないので、あとは荒れ放題になってしまうわけです。松は、枯れてしまっているから、やむを得ず、切る。切りたくなくても切っている、ということなんです。その木が日本に来ている。日本の松枯れにある腐朽菌は、日本に昔はなかった菌だと自分は言っておりましたが、アメリカの木の中に、日本の松枯れと同じ木材腐朽菌がやっぱりありました。

松枯れを調べていると、営林局長官が会ってくれ、いろいろ話し合いができたのは幸いでした。私は、加州には輸出する木はほとんどないのではないか、松茸を出した方がよいのではないかとも話しました。一本の大木より、一本の松茸の方が高い、と話すと驚いていました。長官が、大学の先生たちを紹介してくれ、話し合ってみると、松枯れの原因について、アメリカの学者の言っていることと、日本の学者の言っていることが違って、ジェット機と乾燥だというのです。アメリカは投網《とあみ》（研究）の目が大きすぎ、日本は小さすぎ、どちらも、魚（結論）がとれていない感じでした。

東部の樹海も不自然

東海岸へ行きますと、ニューヨークから南の三、四州は、カリフォルニアとは反対に、行けども行けども緑の樹海なんです。雑木《ぞうき》ばかりの所を走るような格好です。シラカバやカエデ、カシワなど、五種ばかりの、同じ高さの木が、ずっと続いている。

カリフォルニアでは「アメリカの自然はもう滅びてしまっているではないか、砂漠化しているじゃないか」と大そうなことを言いましたが、東部は緑の樹海で「さすがに、これはアメリカらしい」と脱帽したんですが、一週間ばかり見て歩くうち、「いや、これはやっぱりおかしい」と感じた。「これは、畜産を主体にしたために、いっぺん荒廃してしまった土地だ」と思った。その証拠に、木は生えているが、その下の土がやせている。

氷河で駄目になったんだ、というけれども、氷河の時代から一万年たっている。日本だったら、二千年もたったら、一～二メートルの土ができているはずです。それができていなくて、五十年もたった雑木がこの程度の大きさだということは、とても土地が回復しているとは思えない。自然にまかしておいたんだったら、もっと早いスピードで回復しているはずだ、やっぱり人間が駄目にした土地だ、これはイミテーションの自然になっているんだろう、と自分は見ました。

これは、自分の想像が半分ですが、アメリカ人が初め米国の東北部に住みついて、西へ西へと開拓して行ったのも、牧畜をやると土が死んでしまう、次々と牛を追って、インディアンがいる所を占領して行ったのではないか。移動したあとの土地は、やせてしまっているから、何もできない。放っておかれて、そこに雑木が生えた、と。まあ、これは四十日間の観察で考えたことですから、あたっていないかも知れませんけど。

ボストンの久司さんの会社（エレホン自然食品社）で、働いている人たちに一時間ばかり話した時、「この雑木に目をつけたら、久司さん以上の大金持ちになれるが」と言ったら、「何ですか」と言う。「このサトウカエデなどの木を原木にして、シイタケを作ったらどうか」と言ったら、皆がワーッと笑いました。これはもう無限の宝庫だと思うんです。ところが、誰も利用していない。久司さんにも、二百ヘクタールほど自分にまかすから自由に使ってくれ、と言われましたが、そこ(ボストンの奥のアシュバーンハム)も、そういう雑木ばかりなんです。この雑木を使ってシイタケを作りながら開墾していけば、おそらく成功するでしょう。

イミテーションの自然

アメリカの町は、ボストンの町でもどこでも、まるで町の中やら森の中やら分からないほど、たくさん木があるんです。ところが、ボストンで六十階建ての建物に上がって見ると、さすがにボストンの町も緑は少ない。やっぱりビルが建ち並んでいる。ところが、街路を車で走ると緑の森に見える。

なぜかというと、向こうの街路樹は一本も剪定《せんてい》されていない。一枝も折っていない。誰もさわらない。隣の木であろうが雑木であろうが、アメリカ人は木を折ることを全然しない。その点は、自然を保護するということを痛切に知っているんじゃないかと思う。だから、伸び放題に伸ばしている。日本だったら、看板のじゃまになるからと、枝をおろす。向こうは看板もないから、じゃまにならない。車で走ると、森の中を走るような感じがする。

しかし、昔からの木とは思えない。やはり、あとから植えた木のようです。そうすると、二百年くらいの木しかない、ということになってくるわけです。

アムハースト大学という由緒《ゆいしょ》ある大学(新島襄《じょう》、クラーク博士らの出身校)の広い構内で、マクロビオティックのセミナーが開かれたんですが、そこで、「アメリカでは自然が滅びてしまっている。自然が滅びたら、そこにいる人たちは、どういう思想を持つだろうか」ということに話が行ったんです。

自然がなくなったら本当の思想は生まれないんじゃないか、という考え方を自分は持っております。人間の感情とか思想とかいうものは、皆さん、頭からひねり出すように思っているかも知れないが、自分はそうではないと思っている。人間の感情などはどこから出てくるか、ということです。花を見て美しいという。今日は暖かい、寒いという。今の何はおもしろかった、おもしろくなかった、愉快だ、愉快でない、悲しい、さみしいとかいう。こういう素朴な感情というのはどこから出てくるか。

アメリカへ行ってみると、頭から出てくると言います。日本人は胸から出るというようなことを言う。では、頭や胸から、花は美しいという言葉が出てくるか、ということです。

涼しいという。何で涼しいのか、です。科学者によれば、温度が何度以下だったら涼しい、と言うかも知れないが、科学的な説明にしかすぎない。さわやかな風が吹いたから、さわやかだ、と。これはやっぱり、自然にわくもんだ、自然からわいてくるものだと思います。

緑の木を見たら、皆、緑の木は美しいと言う。平和な感じがする。風が波立っておれば、心は騒ぐ。山へ行けば山の気がわいてくる。湖の所へ行けば水の気を感じる。こういう感情はみな、自然から出てくる。狂った自然の所へ行けば、狂った感情しか起きないと思うんです。

サンフランシスコからサクラメントまで来る間は砂漠化していて、サクラメントの人は緑のオアシスの中にいて、自然というものを非常に愛するように見える。街路樹も大事にしている。ボストンでも大事にしている。が、アメリカ人が大事にしているのは、人間が作ったイミテーションの緑であって、本当の自然を大事にしている感情だろうか。アメリカ人は日本人にくらべて、自然保護の気持が非常に進んでいるように見えるが、自然が失われたから自然を大事にする気持が起きただけにすぎないんじゃないか。

大学の構内の芝生を見た時に感じたことはどういうことか。そこにはチョウも何も飛んでやしない。ミミズもいない、アリも見えない。これは自然の緑があるのじゃない。人間に快適な、人間に都合のいい自然がそこにあるだけじゃないのか。

その自然を守ることが、自然を守ることだと思っている。その自然がイミテーションの自然であるとしたら、その自然保護の感情は、果たして正しいと言えるであろうか、ということなんです。ボストンのセミナーで話しましたことは、そういうことから、なぜアメリカ人の思想がそのイミテーションの緑を作って、それで満足できるのか、ということなんです。

日本人の自分には、その芝生が不自然に見える。美しいのは確かに美しい。美しいが、それでは日本人には満足できない。そこでお茶をたてたり、花を活けるような気分にはなれない。落ち着かない。本当の自然の中に溶け込んだ気持にはなれない感じがする、と言ったんです。

単純な、平面的な、幾何《きか》学的なシンメトリーの公園の中で、日本人が満足できないのが本当なのか、人間が作った緑で満足できるアメリカ人の方が本当なのか、ということを議題にディスカッションしたわけなんです。

クラーク博士の言葉（「青年よ、大志を抱《いだ》け」）の返礼として、「この大学の構内の緑が、イミテーションの緑であることが見破れないような学問なら、なくてもよい。米国の青年よ、奮起せよ、アメリカ大陸の自然が虚構の自然になってしまってよいのか」と、大言壮語（?）してきました。

話が飛びますが、自分はアムハーストで初めてホテルに泊めてもらったのですが、いちばん落着かなかったのは、便所と風呂場と化粧の鏡が一緒にあることなんです。便器の真正面に鏡があります。横が風呂です。ホテルだけかと思っていたのですが、一般の家庭でもそうなんです。よう便器のそばで化粧すると思うんです、女の人が。

日本の女の人はあれ、やれますか？ それが何ともないという。時間の節約になるかも知れませんね。合理的なんです。人間に都合がいい、快適な生活がそれなんですね。これは、人間の合理的な生活というものの縮図、代表的な光景じゃないかと思う。

〝我思う、故に我あり〟

どこからこれが来たか。デカルトから来た、と言ったんです。「我思う、故に我あり」と言っているんです。我思うが故に、この世が存在するということが確認できると言いますね。「我思う」がなかったら世の中には何も確認できるものはないかも知れない、と。

人間が、まず、ある。万物の霊長《れいちょう》である人間、神の子である人間、最高の動物としてつくられ

た人間がまずここにある。それからすべてがスタートしている。この世に何があるかないかという
すべてのことは、人間から出発している。人間が実在を証明している。この考え方が、自然を人間のための自然にしてしまっている。

東洋の思想では、人間は自然の一員にしかすぎない。犬やネコやブタ、ミミズもモグラも人間と同列である。ただしいて言えば、人間は哺乳動物の一種類であって、あとから進化して生まれてきた動物にしかすぎない。なんのことはない。ここの石や花と人間とどこが違うのか。自然の眼からみたら、なんの区別もない。同列だと思うんです。

ところがアメリカ人は「我思う、故に我あり」からスタートしているから、すべての自然も人間のために存在する。人間がそれを知ることもできれば、利用することもできる。それを活用することも、人間のためであれば差しつかえない。人間のためにすべてを犠牲にしても差しつかえない、という観念にまで行く。そこが東洋人と西洋人のいちばん大きな違いでしょう。

チョウやトンボを犠牲にしても、芝生があればそれでいいと言う。人間尊重といえば尊重に見えます。しかし、そこに何か傲慢《ごうまん》というか不遜というか、感じる。便器のそばで化粧するということ。昔の日本人は化粧するのを大っぴらにやったでしょうか。やはり平気でおれない。近代生活に慣れれば慣れるのかも知れませんが、あれが快適な生活には見えない。

美とか醜とか真とかいうものが狂ってきているということを感じた。狂ってきている根本は、やはり出発の間違いだと思う。セミナーでは、デカルトのことだけで一日過ぎてしまったんですが、とにかく、アメリカの衣食住全体はとんでもない狂いを生じているんじゃないか、ということなん

フレンチメドウのキャンプで自然農法を説く

自然農法に転換した大農場の麦刈り（カリフォルニア州）

です。

八、九合目くらいまでしか分からない

富士山なら富士山という山がある。山登りするわけです。西洋の人は左側から登った。東洋の人は右の方から登った。真ん中の所から登る人もある。いろんな道があって、それぞれに登って行く。山の上に一滴の雨が降って落ちたら、左の方に流れると西洋哲学になる。右に流れると東洋哲学になる。頂上に座っている人は、左から見ればキリストの顔に見えたかも知れない。右から見れば日本の神さまの顔に見えたかも知れない。南から見ればお釈迦さんの顔に見えたかも知れない。

しかし自分が思うことは、真理というのは、過去も現在も未来も唯ひとつしかない。どんなに誰が言おうとしても、絶対の真理は一つしかない。

キリスト教の人に言わせれば、キリスト教の神以外には神はない、と言うかも知れません。仏教徒から言えば、仏が最高の存在だと言うかも知れません。しかし、真理は一つしかないのと同じで、神は一つしかない。一つしかないが、いろんな顔に見えるのはなぜか、ということなんですね。

「十」と書く、あるいは「卍」(まんじ)と書く。神道は「土」で、大地に十字架を建てた形です。そのほか、いろんな宗教のマークは、どこか共通しているんです。右も左もない。上も下もない。相対界の消去を表現しようとしたものと私にはみえます。

この山を下から登る人は、キリストの言葉をどういうふうに聞くか。頂上の手前で十字架を見ると、十字架のマークや教義が、最高の終着点のように見える。神道の人は、途中まで登って行けば

鳥居が見える。これが最高の神だと思う。南から登って行ったら、お寺があったと。寺の中に仏さんがあるだろうと思っている。仏典の中に仏さんがおるのか。

自分たちが感じたり、論じたり、話したりすることができるのは全部、この程度のこと。頂上ではなくて、八合目、九合目のところしか分らない、ということです。頂上に立てば神は見えるが、途中では神は見えないのに、神がわかった気になり、神を説く。しかし、神は頂上（相対界）を超えた空（絶対界）にあり、言葉にもならず、字にも書けない、絵にもならないのだが……。

自分はアメリカでユダヤ人と会って、ユダヤ人の宗教とか思想とか、夜中まで話した。彼らは非常にすばらしい考えを持っているけど、最後にいくと、非常にがんこと言えば、がんこなところを持っている。キリスト教の話をしても、神道の話をしても、八合目、九合目までの話は合うわけなんです。

ところが、話が合わないのが頂上のことなんです。もし、頂上からみた空は同じだろうというところであれば、どちらから登っても、その点では一致できるわけです。頂上の上の空《そら》は、誰も所有するところでない。

その空は、西洋人の空も、日本人の空も、アメリカ人の空もみな一緒だというのと同じようなもんですね。その空（くう）という点に行けば一緒になれるはずのものが、そこまで行けないために、八合目、九合目までしか行けないために、頂上のこととなると、想像するだけだから、すべてはバラバラになってしまう。神仏の合体、宗教の一致ができない。

拡大志向の機械文明の行きづまり

今まで申しましたように、アメリカの自然が自然でない。それは、西洋哲学が人間主体の、神との契約のもとに出発した社会である、思想である、ということ。そして、肉食人種であって、肉食のための農業が行なわれて、それが悪循環をきたして自然を破壊し、そこへもってきて、機械文明のようなものを築いた。

そういうふうに、アメリカの農業、自然が全部、狂ってしまっている根本はどこから来ているかと言えば、やはり、先ほどの山の頂上とその上の空のはなしに、もどってきます。

今まで、アメリカ人はみな、小よりは大がいい、貧しいよりは豊かな方がいいと、どんどん拡大の方向に向かっていた。政治も経済も、すべてのものが拡大の方向へ向かって暴走してきた。これが近代文明であり、近代の発達である。しかしこれは、頂上から奈落に向かっての下落でしかない。

これが行きづまってきているのが、機械文明、ニューヨークのような都市文明である。そこにおる者がみな、そこから脱出しようとしている。自分は、ニューヨークに数日、生活してみて、街も夜、歩いてみました。一人一人会ってみると、あの黒人のハーレム街でもどこでも、何もおそろしいような感じがしない。みんな非常にいい人たちだと思う。腹の底から笑えるのは、むしろ、あの黒人ではないかとさえ思う。あの大きなニューヨークの街の真ん中に酔っぱらい街がありますが、

イミテーションの緑に囲まれたアムハースト大学の構内

そこで昼間に酔っぱらっている人たちの顔を見ていると、これが本当の底抜けに明るい顔だ、ということです。

ところが、利口な人、生活の豊かな人たちの顔といったら、満足している顔は一つもない。みんな悲劇の、行きづまった顔しかしていない。これは、あの文明の行きづまりを端的《たんてき》に表わしていると思うんです。

犯罪の巣だというのも本当だし、文明の絶望の世界でもある。石油が止まった時に一番先に壊滅するのはあそこだ、という状態になっている。それから脱却しようとしている。

自分が、カリフォルニアの自然は自然じゃない、イミテーションの自然だ、東の方の自然も自然じゃない、と言い切ったら、「そうかも知れない」としまいには言い出した。「そうかも知れない。しかし、言うまでもない。言われるまでもない。それを転換しようとしているから、あんたを呼んだんだ」とこう言うんです。

やっぱり、自然農法をやろうと受け入れる態勢がある。いくら自然がそこなわれていると言っても、だだっ広い大陸があり、そこでは無限に可能性がある。小よりは大、から転換して逆に今度は、大よりは小の世界、発達より、発達しなくていいじゃないか、生きてりゃいいじゃないか、と。

アムハーストのセミナーで、私はこんなことを言ってきました。

「自分は何にもしないことをするために、しないように、しないようにしてきただけだ。四十年かかって、ああしなくてもいいんじゃないか、こうしなくてもいいんじゃないか、というやり方の百姓をやってきただけにしかすぎない。

人生にはこういう目標がある、どういうのが生き甲斐であるなんて言うけれど、人間には目標なんかもとからありはしない。何をしなければいけないということも一つもありはしなかったんだ、ということを四十年前に知った。人間が勝手に設定しただけにしかすぎない。

豊かになる、幸福になるという錯覚をおこして、仮の目的をこしらえただけにすぎない。何もしなかったら、いちばんつまらん、生き甲斐のない生活かというと、どっこいそうじゃない。反対だ、と。何にもしない。何も目標がない。のんびり昼寝しておって、いちばん愉快な世界はそこに展開されてくるんだ。

人間はなにもしないようにするしかないんだ。もしも自分が社会運動をするとすれば、なにもしない運動をするしかしようがない。すべての人がなにもしないようにしたら、自然に世の中は平和になるし、豊かになるし、言うことはなくなってしまう」

そういう話はアムハーストで非常に共感されて、また、カリフォルニアのキャンプでは、端的に、帰ったら百姓を、自然農法をやりましょう、という人が出てくるわけです。

戦略兵器としての食糧

アメリカは強大で豊かな国でもあるが、その反面、非常に危険な国でもある。あれだけの国で、あれだけの食糧を作っている。これは使い方によれば世界中を救えもするが、混乱におとし入れる、破滅させることもできる力を持っている。

現在ではむしろ、戦略兵器の方に使われている。石油が変化してできた食糧ですから、そうせざるを得ない。よそへ持って行って売りつけて儲けて、それを国の柱にしている。

だから、カーター大統領が、オレンジを買ってくれ、小麦を買ってくれと言ったりし、また、日本がベトナムの方に、米が余っているから出すと言ったら、アメリカの国務省から一喝《かつ》をくらっているわけです。日本が余った米を東南アジアへ出したら、アメリカの穀物が売れなくなるからやめてくれと。これだけで日本の農林省はふるえ上がって出せないんです。

現状は、食糧がアメリカの戦略兵器になってしまっている。これを転換して、みんなが、日本人がかつてやってきたような農法、あるいは自然農法をやっていくとどうなるか、ということなんです。

広い所を使ってよその国へ出す食物をつくるんじゃなくて、狭い面積で豊かな食糧を生産して、豊かな生活をしてくれたらそれで納まるんだ、と。チコー平原の三千町歩の農家が、一年稲を作り、翌年はヒエ退治だけで遊ばし、その翌年に夏麦を作るというように、三年に一遍しか米を作っていないんですから、毎年米をつくって、しかも裏作で麦を作ったら、澱粉の生産量でいったら三倍になる。カリフォルニア平原だけで、州政府がその気になったら、三年で日本全体と同じ量の米を作るだけの可能性が十分あると言ったら、農場主が「こりゃ革命だ、大変だ」と即座に自然農法に転換しました。

太陽は豊かにある。水は十分あるんです。この平原で米を作ったら、日本は滅んでしまう、自分がここへ来て、米の増産運動みたいなことをこれほど言ってかまわんのか、ということを言って私の袖を引いた者もいます。

確かに始め、そう思ったんです。無限の資源があって、ここで米を作ったら、日本の農民はひとたまりもないということを感じたんです。しかし、考えてみると、これはそうじゃない。アメリカの農民が貧しいからこうなっているんだということを感じたんです。

アメリカの農民が日本の農民以上の食生活をしておって、豊かな、楽しい生活をしているんだったら、よその国へ出すことはないんです。よその国へ食糧を売らなきゃいけないということは、実を言うと、貧しいからなんです。

自分はしまいには国連にも呼ばれて、ちょっと話したんですが、その時言ったことは、「アメリカの農民や国が豊かなんじゃない。実は貧乏国だ。食物はまずいし、大地はやせ、資源も何もありはしないじゃないか。ないから、石油を買い取って、それで食糧生産して、外国へ出して、それを武器にして、ある意味で言ったら世界中を支配できるような錯覚を持ってきているんではないか。

あなたの国が本当に豊かな、自然に恵まれた、生命の泉のような食糧をつくって、国民全部のものが豊かな食生活してごらんなさい。そうすれば、何もよその国へ出すことはなかったんだ」と。

カリフォルニアのサンキスト社が日本のミカン作りを圧迫しておりますけれど、カリフォルニアを走ってみて、田舎の百姓から果物を買ってみたり、道端で買ってみますと、一ドルでひとかかえの果物や大きなメロンが三個も買えるんです。農民はぐちをこぼしていました。ところが、松山へ帰ってみたら、そのメロンが一個千五百円で売られているんです。向こうの果物作り、野菜作りの農民は何もいい金を取っているんじゃない。その農民がなぜ日本を圧迫するか、なんですね。

農民が圧迫しているのじゃない。向こうの商社や流通機構の人たちが日本に持ってきて、ひと握りの商社が日本の農民を滅ぼそうとしている。それに加勢しているのが、この東京の人たちなんです。

食糧がどうして生産されてどうなっているか。どういう機構で値段がつけられているかも知らない。アメリカのことも知らない。日本の農民のことも知らない。消費者は、安くてうまいものが入ってくれれば、それでいいと思ってる。

日本の消費者も指導者の連中もみんな狂っている、と言わざるを得ない。みな、誰が悪い、彼が悪いと言っていますが、誰も彼もがみな同罪を犯している。同じ認識に立っている。

誰もが、安いもので、うまいものを食わしてもらえればそれでいい、アメリカの果物であろうが日本の果物であろうが、アメリカの米であろうが日本の米であろうが、いいと思っている。それがとんでもない間違いだということに気がついていない。（全米のマーケットで売られている加州米の価は一俵一万二千円で、日本の半値ですが、ガソリンも半値くらいでした。）

本当の豊かさとは何か、どこで何を作るべきかということが分っていない。食物生産の原点は身土不二、自給自足です。国際分業論がとんでもない間違いであることは、単一専業大型生産流通が、米国内の食生活貧困の原因になっている状況をみればよくわかります。

今アメリカは、高度の文明を誇り、その維持と繁栄のため、武器と食糧、硬軟二つの戦略兵器を強力に推し進めることに、やっきになっているようにみえる。

しかしその戦略は、内に入ってみると、その矛盾が、至る所で暴露され、崩れつつあるようにも見えます。

ボストンの大学の原子炉実験室の円形の建物の外壁に、放射能がもれて、草が生えている所がある。金網ごしにみてもゾッとする。

スリーマイル島から、二十羽の七面鳥（その内三羽は放射能で死ぬ）と逃げだした青年等二十人とも会いました。「この山の中で、自然農法で自給自足を確立し、無エネルギー生活がどんなに楽しいものであるかを実践してみせることが、原爆反対運動よりも、より世間に役立つだろう」と激励してきました。

インディアンの農場で、歓待され、寝床で星空が眺められる天井の仕組みに、本当の安眠があることも知りました。

私は、アメリカ文明の恐しい崩壊は、ニューヨークの殺伐なオンボロ雲助タクシーに象徴されていると思い、農村地帯の農民の貧困、貧しい食事ぶりなどから、西洋哲学の錯誤に出発した農法の誤りが、自然を亡ぼし、大地を死滅させ民族まで亡ぼしてゆく現実を知ることができました。

正に農耕法《カルチユア》の狂いが都市文明《カルチユア》を狂わしめるということを米国で確認したのでした。

核と食糧の二大戦略で、世界をリードできると確信しているかの如き米国政府の哲学に誰れが反撃するのでしょうか。

私の目には、昔のアメリカインディアンの生活に、今こそ学ぶべきでないか、大自然の偉大な精神、グレートスピリットと呼ばしめたアメリカ大陸の精神《ココロ》の復活に、一縷の望みを托して帰途につきました。

これはアメリカのことであり、日本のことでもあります。ふり返って暗然とするのは、アメリカに追従する日本の現状です。

あとがき

以上私は、自然農法と自然食について、愚見を語ってきたが、それは表裏一体のものであるからである。

自然食が確立していなければ、農民は何を作るべきかにとまどうことになるからである。また自然農法が確立していなければ、自然食の普及も空まわりに終わるのは火をみるより明らかである。

さらに大切なことは、自然食も自然農法も自然人でなければ達成できないということである。三位一体であり、三者は同時に出発し、同時に達成されるものであり、すべては理想の里を造るためのものであるということを忘れてはならない。

だが、自然とは何か……自然人とは何か……この一言にすら答ええなかった。今では、自然食も自然農法も百家争鳴で、自然食に関する書物は氾濫し、科学農法に対する有機農法、微生物農法、酵素農法等が宣伝されている。

人々は、混乱をくりかえしながらも発達するのが世の常だと安心してみているようだが、無目標の分裂的拡散的発達は、そのまま思想の混乱をまねき、人類の崩壊をまねく以外のなにものでもない。

今こそ自然が何であるか、その中の人間は、為すべきか、為さざるべきかを明確にせねばとりかえしがつかないことになる。

為すこと多くして、人間は一事も為しえず、すべてを失うことになる。

私の憂いが杞憂であり、一人の百姓の激怒が一人の狂人のたわごとであれば幸いであるが……。

……風心……

人類文明の遠心的な発達は　極限に達した
このまま膨張し崩壊してゆくか
反転して求心的に収縮するか
滅亡か　復活か　岐路に立つ人間
足もとの大地は崩れ始め　天も暗くなった
　肉体の崩壊が　医学の混乱をまねき
　精神の分裂が　教育の昏迷となり
　社会の不安が　道徳の荒廃につながる
これで　よいのか

人々は苦慮して　泣き笑い
何をしてよいのか　わからないまま右往左往する
それでもなお
ただ一途に人間の智恵を信じ
何かを為すことによって
矛盾を解決できるだろうと期待する
馬鹿な動物は　馬鹿なことを知らないから馬鹿をしない
利口な人間は　馬鹿馬鹿しいと知りながら馬鹿をする
終末の近いのを知って
未来の夢をみる
地球の汚染を嘆くもの
人間の智恵を誇示するもの
みんな人間を　愛しているのだが
誰が　自然を守護し
誰が人間を　混乱に陥れているのかがわからない
　鎮守の森は　植物生態学者や　百姓が造ったのではない
　　人間を守るのは……裁くものは誰か
瀬戸の海が　石油で汚染され

養殖ハマチが全滅した
漁夫が激怒したが　考えてみると
　魚をとる網が　石油製品《ナイロン》になり
船を　ガソリンで走らすようになって
漁獲量が急増したが　翌年から
　魚が急減して　養殖漁業にきりかえた
その養殖ハマチが　石油で殺された
汚染がひどくなり　赤潮が発生した
　魚も　ノリも死んだ　海も死んだ
瀬戸の魚の味をかえせと　すし屋のおやじが先頭にたち　主婦たちが　さわぎだし
工場に　おしかけると
工場の排水より　農民の化学肥料や農薬が
河に流れこみ　赤潮の原因になっているのだ
なぜ　百姓を責めないのかと　開きなおる
農民の所に行けば　米が減産してもよいのかと言う
市役所の窓口に行けば　汚水処理場の用地を提供するのが　先決だと　はねつけられる
赤潮対策の名案を　学者にうかがうと
超短波の光線で　プランクトンは簡単に殺せるという

プランクトンが死滅して　海底に堆積したら　何万年かの後には石油になる
なるほど　名案だが　それまで人類は生きられない
いっそ瀬戸内海を　ヘドロの海にして
プランクトンを培養して　石油の原料にしたら　石油不足も解消できる
そうなりゃ　アラブの石油はいらぬ
大型タンカーを　マレー沖に沈めたり
石油タンクの破損の心配もなくなる
こりゃ　名案だ……だがまてよ
大型タンカーが不用になれば
鉄が不用になり　製鉄所の電力需要が減る
すると原子力発電所の建設にも　ひびが入る
それでは労働者は飯が食えない　さて……
　科学者が追う　はてしない夢
　することは　まず　こんな利口なことである
　ああ　しんどい話になった
もう一度　最初をふりかえってみよう
問題は
人が　善いか　悪いかを考え

自然は　善だ　いや悪だと争い始めた時から出発した
　自然は　善でも　悪でもない
自然は　弱肉強食の世界でも　共在共栄の世界でもないのに
勝手にきめつけたのが間違いの根だった
人間は　何もしなくても　楽しかったのに
何かすれば　喜びが増すように思った
物に価値があるのではないのに
物を必要とする条件をつくっておいて
物に価値があるように錯覚した
すべては　自然を離れた人間の智恵の一人角力《ずもう》だ
無智　無価値　無為の自然に還る以外に
道は無い
一切が空しいことを知れば　一切が蘇る
これが
田も耕さず　肥料もやらず　農薬も使わず　草もとらず
しかも驚異的に稔った
この一株の稲が教えてくれる緑の哲学なのだ
種を蒔いて　わらをしく

それだけで　米はできた
それだけで　この世は変わる
みどりの人間革命は　わら一本から可能なのだ
誰でも　今すぐ　やれることだから

昭和五十年盛夏

福岡正信

お願い

この世ほど、すばらしい世界はない。

私は若い時、「生きているだけでよい」と気付いてから、人知・人為一切無用、ぶらぶらと帰り道の人生を楽しもうと心に決めていた……が。

凡愚の悲しさ、初心とうらはらに、うろちょろ、俗世をさ迷い、横道の人生に一喜一憂、五十年がアッと言う間で、残りの時間が少くなった。

今、山小屋にこもり、農園も今年から非公開にし、どなたの訪問もお断わりしているのは、残りの時間を大切にしたいからである。

世間からの情報から逃がれ、山小屋に身を隠していて、一番よいことは、時間が忘れられることである。「今日は何日かな」と言う様になり、その内、今日一日が一年になり、昨年ソマリヤで出会った遊牧民ではないが、「さあ何歳かな」と言う具合になればよい。

この頃私は、「自分の年は、今百歳、二百歳」と思いこむことにし、元気な内に早く死ねるようにと、心掛けている。そのためには、何も約束ごとをせず、昨日を忘れ、明日を思わず、日々の仕事に徹して、我が足跡を少しでも残さないことだと思っている。

毎日、この農園がエデンの花園と、わくわくする想いで働けるだけで幸せである。

自然農法は、永遠に未完成の道、自然は、人知・人為で探し出せるものでも、創れるものでもないのだから、私は気楽に、瞳の内だけの幻の自然農園づくりを楽しんでいるだけである。

とにかく、自然に参加し、神と共に生きるには、他人の力を借りることも、他人に手を貸すことなど出来ることではない。

我がままと言われようと、独り我が道を行くしかない。この道、そっと放っておいて欲しいと言うのが今の心境である。

無門の大道　人気無く
天静かなれども　地はさわぐ
誰が立てるか　浪風は
右じゃ左じゃ　攻め守れ
何がよいやら　悪いやら
うちわの風の　ウラオモテ
どちらも同じ　ハッチャメチャ
人無き園に　仮の庵
今日一日が　百年で

大根　菜の花　花盛り
西暦二〇〇〇年　月おぼろ
無我夢中　この世あの世を　素通りし
定め無き身の空の旅
あとは野となれ　山となれ

昭和六十一年初春

福岡正信

〈著者紹介〉

福岡正信（ふくおか まさのぶ）

1913年、愛媛県伊予市大平生まれ。1933年、岐阜高農農学部卒。1934年、横浜税関植物検査課勤務。1937年、一時帰農。1939年、高知県農業試験場勤務を経て、1947年、帰農。以来、自然農法一筋に生きる。1988年インドのタゴール国際大学学長のラジブ・ガンジー元首相から最高名誉学位を授与。同年アジアのノーベル賞と称されるフィリピンのマグサイサイ賞「市民による公共奉仕」部門賞受賞。主著に『無Ⅰ　神の革命』『無Ⅱ　無の哲学』『無Ⅲ　自然農法』『自然に還る』『〈自然〉を生きる』『DVDブック　自然農法　福岡正信の世界』（いずれも春秋社）。2008年、逝去。

自然農法　わら一本の革命

1983年5月30日　初版第1刷発行
2004年8月20日　新版第1刷発行
2020年3月10日　新版第29刷発行

著　　者　福岡正信
発 行 者　神田　明
発 行 所　株式会社 春秋社
〒101-0021　東京都千代田区外神田2-18-6
電話　03-3255-9611（営業）
　　　03-3255-9614（編集）
振替　00180-6-24861
https://www.shunjusha.co.jp/
装 幀 者　中山銀士
印刷・製本　萩原印刷株式会社

ISBN4-393-74141-2　定価はカバー等に表示してあります

福岡正信　著作

百姓夜話　自然農法の道
人智を捨て、無為自然への回帰を標榜する福岡哲学の出発点となった名著の復刊。
2000円

無Ⅰ　神の革命
何もしないところから豊かな実りが得られる——人為・文明への警告と回復への道。
2500円

無Ⅱ　無の哲学
人は何を為すべきか。古今の哲人の思想を批判しつつ、無為自然への回帰を説く。
2500円

無Ⅲ　自然農法
米麦・野菜・果樹、あらゆる農の実践を縦横無尽に語る。福岡自然農法の真骨頂。
2500円

自然に還る
自然に仕え、自然と共生する農を考える。深刻化する地球的規模の砂漠化を救う道。
2500円

〈自然〉を生きる
「生きることだけに専念したらいい」人智を超えた自然の偉大さを語る、福岡哲学入門。
1500円

DVDブック
自然農法　福岡正信の世界
今なお模索し続ける自然農法の新たな試み等、福岡ワールドの現在を語る画期的映像。
2300円

※価格は税別。